Đông Yên
Lương Tấn Lực

ĐĨA BAY
&&
NGƯỜI HÀNH TINH
(Mars Terraforming)

Tập IV

All rights reserved. No part of this book shall be reproduced or transmitted in any form or by any means, electronic, mechanical, magnetic, photographic including photocopying, recording or by any information storage and retrieval system, without prior written permission of the publisher. No patent liability is assumed with respect to the use of the information contained herein. Although every precaution has been taken in the preparation of this book, the publisher and author assume no responsibility for errors or omissions. Neither is any liability assumed for damages resulting from the use of the information contained herein.

Copyright © 2017 by Dong Yen Luong Tan Luc

Published July 2017

Vài nét về tác giả
Đông Yên

- Sinh Quán tại Làng Đông Yên, Huyện Duy Xuyên, Tỉnh Quảng Nam, năm 1943
- Chủ Nhiệm kiêm Chủ Bút Nguyệt San Đỉnh Sóng
- Nguyên Giáo Sư Văn Hóa Vụ, Trường Võ Bị Quốc Gia VN.
- Hiện là Chủ Biên của Diễn Đàn Đỉnh Sóng (dinhsong.net)
- Nguyên Chủ Biên của Diễn Đàn VANHOAVU.COM của các cựu giáo sư VHV/TVBQGVN.

Học vị:

- *Master's Degree, Computer Science – Cal State Long Beach University, 2001*
- *BS Degree, Major in Computer Science – Minor in Political Science - Cal State Long Beach University, 1997*
- *English Language Instructor Diploma – Defense Language Institute, Texas, 1974*
- *Licence d'Enseignement en Philosophie Occidentale*
 (Cử Nhân Giáo Khoa Triết Học Tây Phương) - Université de Saïgon
- *Licence d'Enseignement en Littérature Française*
 (Cử Nhân Giáo Văn Chương Pháp) - Université de Saïgon

Tác phẩm đã xuất bản:
Xin xem bìa sau

Thông tin liên lạc
Đỉnh Sóng P.O BOX 8231 Fountain Valley CA 92728
- Website: dinhsong.net
- Email: dính-song@att.net
Phone: (714) 473-3691

Mục Lục

Mục Lục ix
VÀO SÁCH xv
CHƯƠNG I 23
Người Hành Tinh 23
Đánh Cướp Điện Lực 23
   1. Tổng Quát 24
   2. Nội dung chính 25
     2.1 Argentina, 11/2009 25
     2.2 The Leveland Texas Incident 26
     2.3 Exeter, New Hampshire, 1965 29
     2.4 Syracuse, New York 30
     2.5 Syracuse Airport, New York 30
     2.6 Hội Thảo về Đĩa Bay 33
     2.7 The Condon Report 34
     2.8 Bưng bít của Condon Report 35
     2.9 Indian Point Energy Center 36
     2.10 Thành Phố New York City 38

CHƯƠNG II 41
Người Hành Tinh 41
Và Hậu Quả Sinh Thái 41
   1. Tổng Quát 42
   2. Nội dung chính 43
     2.1 Waldo Canyon, Colorado 43
     2.2 Cải Tạo Kim Tinh (Terraforming Mars) 45
     2.3 Biến cố Miền Nam Brazil 47
     2.4 Loài ong đang biến mất 47
     2.5 Súc vật bị cắt (Cattle Mutilation) 49
     2.6 Mưa máu: Kerala State, Ấn Độ 52
     2.7 Vi khuẩn người hành tinh 54
     2.8 Cổng Đĩa Bay bí mật 55
     2.9 Một phiên bản khác 58

  2.10 Topanga Canyon, Los Angeles _____ 59
  2.11 Những câu hỏi _____ 60

CHƯƠNG III _____ 61
Người Hành Tinh _____ 61
Và Nhân Loại _____ 61
 1. Tổng Quát _____ 62
 2. Nội dung chính _____ 63
  2.1 Thiên Thạch DA14 _____ 63
  2.2 Đại Sứ Trái Đất đầu tiên _____ 64
  2.3 Chiến Tranh Lạnh _____ 65
  2.4 The Kapustin Yar Incident _____ 65
  2.5 Minh Ước Bắc Đại Tây Dương _____ 66
  2.6 Vụ chứng kiến đĩa bay ở Topcliffe _____ 67
  2.7 Tài liệu "The Assessment" _____ 69
  2.8 Nghị Quyết 33-426 của Hội Đồng Bảo An LHQ _____ 70
  2.9 Âm mưu bưng bít quốc tế _____ 72
  2.10 Tranh chấp vô biên _____ 74
  2.11 Viễn tượng u ám _____ 75

CHƯƠNG IV _____ 79
Âm Mưu Sống Chung Hòa Bình _____ 79
và Hiểm Họa Người Hành Tinh _____ 79
 1. Dòng họ Rockefeller và Rothschild _____ 80
 2. Âm mưu bá chủ thế giới _____ 83
 3. Quan hệ giữa Do Thái và Nga _____ 84
 4. Quan hệ giữa Do Thái và Trung Quốc _____ 85
  4.1 Nguồn gốc Do Thái của chế độ Cộng Sản Mao Trạch Đông _ 85
  4.2 Gián điệp Do Thái trao những bí mật quốc phòng Hoa Kỳ cho Trung Cộng _____ 87
  4.3 Hoa Kỳ đang bị Trung Cộng qua mặt _____ 88
  4.4 Do Thái và Hoa Kỳ _____ 89
  4.5 Do Thái kiểm soát hệ thống chính trị và kinh tế của HK _____ 91
 5. Toàn cảnh kịch bản _____ 93
  5.1 Đây là một số giải pháp rất bình dân giáo dục: _____ 94
  5.2 Đây là những "nghi vấn" cũng rất bình dân giáo dục _____ 94

CHƯƠNG V ... 97
Nghi Vấn Kim Tự Tháp ... 97
- 1. Tổng Quát ... 98
- 2. Nội dung chính ... 99
  - 2.1 Phi Vụ 1628 ... 99
  - 2.2 Đĩa Bay và Điện Từ Trường ... 103
  - 2.3 Kim tự tháp khắp nơi ... 104
    - 2.3.1 Sudan, Phi Châu ... 104
    - 2.3.2 Mexico ... 104
    - 2.3.3 Ai Cập ... 105
  - 2.4 Hệ năng lượng điện từ ... 105
  - 2.5 Đĩa Bay Nam Cực ... 109
    - 2.5.1 Deception Island, Nam Cực ... 109
    - 2.5.2 Laurie Island, Nam Cực ... 110
  - 2.6 Đĩa bay và lưới năng lượng toàn cầu ... 110
  - 2.7 Trái đất lệch trục ... 111
  - 2.8 Lake Toba, Sumatra ... 113
  - 2.9 Hành Quân Operation High Jump ... 114
  - 2.10 Kim Tự Tháp Nam Cực ... 116

CHƯƠNG VI ... 119
Thu Hồi Đĩa Bay Rơi ... 119
- 1. Tổng Quát ... 120
- 2. Nội dung chính ... 121
  - 2.1 Needles, California ... 121
  - 2.2 Biến cố Roswell, New Mexico ... 123
  - 2.3 Special Operations Manual 1-01 ... 124
  - 2.4 Kecksburg, Pennsylvania ... 126
  - 2.5 Đơn Vị Tình Báo Không Quân ... 127
  - 2.6 Người Hành Tinh ở Fort Dix ... 129
  - 2.7 Dayton, Texas ... 131
  - 2.8 Đạo Luật Extraterrestrial Exposure Law ... 132
  - 2.9 Fort Indiantown, Pennsylvania ... 133

CHƯƠNG VII ... 137
Thông Tin Ngoài Nguồn ... 137
- 1. Tổng Quát ... 138
- 2. Nội dung chính ... 139

    2.1 California ___ 139
    2.2 Niagara Falls, Canada ___ 141
    2.3 The Pixley Case ___ 142
    2.4 Đĩa bay trên Washington DC ___ 143
    2.5 Ủy Ban Robertson Committee ___ 145
    2.6 Donald Keyhoe trên truyền hình ___ 146
    2.7 Tổ chức Ground Saucer Watch (GSW) ___ 147
    2.8 The Durant Report ___ 149
    2.9 William Spaulding ___ 150
    2.10 Những sỹ quan người hành tinh ___ 151

CHƯƠNG VIII ___ 155
Mặt Trời và Người Hành Tinh ___ 155
1. Tổng Quát ___ 156
2. Nội dung chính ___ 157
    2.1 Vệ tinh *Stereo-A* của *NASA* ___ 157
    2.2 Bưng bít *Stereo* ___ 159
    2.3 Trạm không gian người hành tinh gần mặt trời ___ 159
    2.4 Biến cố mất điện ___ 161
    2.5 The Sun Divers ___ 163
    2.6 Hoàng Đế Akhenaton ___ 165

CHƯƠNG IX ___ 171
Phân loại Đĩa Bay ___ 171
1. Tổng Quát ___ 172
2. Nội dung chính ___ 173
    2.1 Biến cố Lonnie Zamora ___ 173
    2.2 Tàu Con Thoi Discovery ___ 175
    2.3 Vụ bắt cóc ở Lancaster, New Hampshire ___ 176
    2.4 Biến cố Rendlesham Forest ___ 179
    2.5 Dayton, Texas ___ 182
    2.6 Santa Monica, Los Angeles ___ 184
    2.7 Battle of Los Angeles ___ 185
    2.8 The Stephenville Mothership ___ 189
    2.9 Những đĩa bay vô hình ___ 193

CHƯƠNG X ___ 195
Úc Châu và Người Hành Tinh ___ 195
1. Tổng Quát ___ 196

2. Nội dung chính _____ 196
   2.1 Biến cố Nullarbor Plain _____ 196
   2.2 The Dreamtime _____ 198
   2.3 Những vụ bắt cóc _____ 200
   2.4 Căn Cứ Woomera Test Range _____ 200
   2.5 Đĩa bay xuất hiện _____ 202
   2.6 The Woomera Spaceman _____ 202
   2.7 Pine Gap _____ 206
   2.8 Đĩa bay Pine Gap _____ 208
   2.9 Thuyết Lifeboat _____ 210
   2.10 Nghị trình người hành tinh _____ 211

CHƯƠNG XI _____ 215

Hốt Hoảng về Đĩa Bay _____ 215

1. Tổng Quát _____ 216

2. Nội dung chính _____ 216
   2.1 Centerville, Ohio _____ 216
   2.2 Project Sign _____ 218
   2.3 Biến cố Oxnard, California _____ 218
   2.4 The Low Memo _____ 220
   2.5 Thao túng dư luận quần chúng _____ 221
   2.6 The Hill Case _____ 222
   2.7 Kiểm soát não bộ _____ 224
   2.8 Con tàu mẹ Mothership _____ 225
   2.9 Chiến Tranh Liên Thế Giới _____ 227
   2.10 Dự Án Project Blue Beam _____ 228
      2.10.1 Na Uy _____ 228
      2.10.2 Ivory Coast ở Phi Châu _____ 230
      2.10.3 Liên quan giữa hai biến cố _____ 231
   2.11 FEMA - Federal Emergency Management Agency ___ 231

CHƯƠNG XII _____ 235

Kim Loại Ngoài Hành Tinh _____ 235

1. Tổng Quát _____ 236

2. Nội dung chính _____ 236
   2.1 Del Rio, Texas, 1955 _____ 236
   2.2 Kỹ thuật từ tương lai _____ 238
   2.3 Biến cố Dalnegorsk, Nga _____ 239
   2.4 Hợp kim tự hàn gắn _____ 241
   2.5 Delphos, Kansas _____ 242

    2.6 Những ổ đĩa bay 244
    2.7 Suffolk, Anh Quốc 245
    2.8 Biến cố Cash-Landrum 248
    2.9 Những mô cấy 250

PHỤ LỤC I 253

Hệ Thống Siêu Quyền Lực 253

Illuminati của Do Thái 253

    1. Mạng nhện hậu trường 253

    2. *Illuminati* và Cách Mạng Máu 254

    3. Thời đại khủng bố 255

    4. Liberty, Equality, Fraternity 256

    5. Ngược đãi tín đồ và giáo đường Cơ Đốc 256

    6. Hung Nô và Ác Quỷ 257

    7. Khủng bố và khủng bố tàn nhẫn hơn 259

    8. Thế giới đi về đâu 259

PHỤ LỤC II 263

Quyền lực Do Thái ở Hoa Kỳ 263

    1. Âm Mưu vận động hành lang của Do Thái 263

    2. Chủ nghĩa Đa Kim Ngân 264

    3. Do Thái chi tiền cho cả hai chính đảng 265

    4. Haim Saban (trùm truyền thông) và Sheldon Adelson (trùm sòng bài) 267

    5. Tel Aviv chỉ đạo chính sách của Washington 268

    6. Quốc Hội, Tòa Bạch Ốc: bù nhìn của Do Thái 269

    7. Do Thái hoạt động chống Hoa Kỳ 270

    8. Nhồi sọ bằng truyền thông 271

    9. Hoa Kỳ và hệ lụy chống nhân loại từ phía Do Thái ... 274

VÀO SÁCH

Mỗi năm, hàng ngàn người khắp thế giới đã chứng kiến hoặc đối tác với các đĩa bay và người hành tinh, nhưng phần lớn những tin tức loại nầy đều bị bưng bít với công chúng. Phần lớn nhân loại nghĩ và nói về đĩa bay và người hành tinh như nghĩ và nói về những chuyện hoang đường hay khoa học giả tưởng. Đó là hậu quả của các âm mưu bưng bít nơi phần lớn các chính phủ trên trái đất dưới áp lực từ hai phía: Người hành tinh và các thế lực Do Thái quốc tế với sự đồng lõa của các chính quyền tay sai của họ, nhất là tại Hoa Kỳ. Từ nhiều thập niên nay, những tổ chức dân chính có quyết tâm cao đã cố chứng minh sự hiện hữu của người hành tinh, chấp nhận mọi rủi ro cho sự nghiệp và cuộc đời của họ. Chính phủ sẽ đi xa đến đâu để che đậy nghị trình của họ và đâu là cái giá mà những người cầm còi báo động phải trả để phơi bày nghị trình đó?

Phải chăng họ thực sự hành động vì công ích? Chính phủ đã thường xuyên tiến hành tuyên truyền và cẩn thận thao túng dư luận quần chúng bằng dối trá. Phải chăng chính phủ Hoa Kỳ đang bưng bít sự thật về người hành tinh để ngăn ngừa hỗn loạn hay bưng bít như một phương tiện để siết chặt ách thống trị của chủ nghĩa độc tài mềm Do Thái trị? Robert Salas, một đại úy Không Quân hồi hưu, tin rằng chính phủ và quân đội có một nghị trình bí mật nhằm bưng bít sự hiện hữu của người hành tinh. Có một nhóm nhỏ những cá nhân bên trong chính phủ và bên ngoài chính phủ đang kiểm soát hiện tượng nầy. Đó không phải vì lợi ích chung. Đó không phải vì quan tâm đến an ninh công cộng. Cánh cửa đó đã đóng lại từ lâu rồi. Đây là một việc phức tạp vì những bí mật nầy rất có uy lực nên những người kiểm soát nó... Có thể đó chỉ là vấn đề quyền lực và lòng tham.

Người hành tinh là bạn hay thù? Đó là một câu hỏi làm cho chính phủ Hoa Kỳ được nói là khó nghĩ từ nhiều thập niên. Tuy nhiên, dường như công chúng đã tự quyết định. Một cuộc thăm dò gần đây cho thấy 86% người Mỹ tin rằng người hành tinh là bạn hơn là thù. Nhưng yếu tố nào định đoạt kết quả đó? Nhiều chuyên gia tin rằng tình báo về đĩa bay của Hoa Kỳ chịu sự thao túng của tổ chức *Majestic 12,* một ủy ban tuyệt mật gồm những viên chức khoa học và tình báo cao cấp do Tổng Thống Truman thành lập vào những ngày theo sau vụ thu hồi một con tàu người hành tinh đầu tiên được báo cáo: biến cố Roswell. Một số người cũng tin rằng ủy ban nầy đã nhanh chóng ngỗ ngáo, thách thức mọi quyền hành của chính phủ, kể cả chính tổng thống.

Ngày nay, người ta tin rằng tổ chức *Majestic 12* đang định đoạt mọi thông tin mà công chúng biết về đĩa bay - cả về nội dung lẫn thời gian được phép nghe. Phải chăng *Majestic 12* đã thành công đánh lừa công chúng Hoa Kỳ vào một cảm thức an ninh ngụy tạo? Nhiều chuyên gia tin rằng người hành tinh biết rõ phương thức cai trị của các chinh phủ trên thế giới và họ cứ thế mà giật dây như một phần của một kế hoạch rộng lớn hơn nhằm chuẩn bị trái đất cho một nghị trình bí mật của người hành tinh; và đó là kết quả của âm mưu can thiệp bí mật của họ vào đời sống hằng ngày của chúng ta. Phải chăng chính người hành tinh đã tạo ra những nền văn hóa nhu nhược và rỗng não qua nhiều thập niên bắt cóc và điều khiển não bộ? Phải chăng đó là phương pháp duy nhất mà họ xử dụng để kiểm soát quần chúng? Hiện tượng nhu nhược và rỗng não không chỉ hiện hữu trong các xã hội Cộng Sản mà cả trong cái mệnh danh là thế giới tự do dân chủ, nhất là tại Hoa Kỳ với một bộ máy lập pháp được định đoạt qua then máy bầu của băng tiền và qua hệ thống hối lộ định chế mệnh danh là vận động hành lang (lobby), tất cả được điều khiển từ bên trong hậu trường do Nhà Nước Chìm Do Thái giật dây và định đoạt.

- Vào tháng 9/2010, có nhiều tin đồn khắp các cơ quan truyền thông, theo đó, Liên Hiệp Quốc chuẩn bị bổ nhiệm đại sứ trái đất đầu tiên trong lịch sử với người hành tinh. Mazlan Othman, một vật lý gia không gian người Malaysia, được giả định sẽ là điểm tiếp xúc đầu tiên giữa nhân loại và người hành tinh. Tuy nhiên, một ngày trước khi đưa ra thông báo đó, Othman đột ngột phủ nhận bà sẽ là đại sứ đầu tiên với người hành tinh. Liên Hiệp Quốc không bình luận. Phải chăng đó là một vụ bưng bít? Phải chăng việc bổ nhiệm Othman đã gặp sự chống đối của những cường quốc đang tìm cách kiểm soát việc tiếp xúc với người hành tinh?
Tuy nhiên, đây không phải là sự bất đồng quốc tế đầu tiên liên quan để sự hiện hữu của người hành tinh.

- Tổng Thống Eric Gairy đã chứng kiến một tử thi lạ thường trên một bờ biển của Grenada bên ngoài một làng đánh cá nhỏ. Tử thi có hình người nhưng chắc chắn không phải người. Tử thi có chiều cao hơn 7 *feet* và có đến 6 ngón tay trên mỗi bàn tay. Tổng Thống Gairy vận động hành lang tại LHQ trong hai năm, đưa ra những tài liệu và nhân chứng như cựu phi hành gia Gordon Cooper của NASA. Anh Quốc cố ngăn chặn dự thảo về đĩa bay của Gairy tại LHQ. Họ cố che đậy những gì? Hay phải chăng họ làm thế theo yêu cầu của đối tác quân sự lớn nhất của họ là Hoa Kỳ? Nhiều tài liệu cho thấy cả Bộ Quốc Phòng Anh lẫn chính phủ Hoa Kỳ có một thỏa thuận nhằm che đậy đề tài đĩa bay. Nhưng mọi nỗ lực nhằm ngăn chặn đề nghị của Gairy đều thất bại, và với một đa số phiếu chưa từng thấy, LHQ cuối cùng nghe theo đề nghị của Gairy.

The General Assembly has taken note of the draft resolution submitted by Grenada at the thirty-third session of the

General Assembly regarding unidentified flying objects and related phenomena.

(Hội Đồng Bảo An LHQ đã ghi nhận bản dự thảo do Grenada đệ trình tại phiên họp thứ 33 của Hội Đồng Bảo An liên quan đến những vật bay lạ và những hiện tượng liên quan.)

Nhưng khi LHQ sắp sửa thông qua dự thảo lịch sử về đĩa bay của Tổng Thống Gairy, chính phủ của ông bị quân đội đảo chánh. Phải chăng chính phủ của ông bị lật đổ để ngăn chặn một công trình nghiên cứu về sự hiện hữu của người hành tinh?

- Tại Hội Nghị *NASA Department of Astrobiology Conference* vào năm 2000, một báo cáo đã được trình bày cho rằng NASA thực sự không biết phản ứng thế giới sẽ như thế nào trong trường hợp thông tin về đĩa bay và người hành tinh được tiết lộ đầy đủ. Nếu có vấn đề gì thì đó sẽ là một vấn đề sinh tử. Lý do không phải vì người hành tinh nguy hiểm mà vì chúng ta là một hiểm họa cho chính chúng ta.

- Những đồn đãi bên trong về sự hiện hữu của ủy Ban *Robertson Committee* buộc Ủy Ban Quốc Gia Điều Tra về Hiện Tượng Không Gian (*NICAP* - National Investigations Committee on Aerial Phenomena) công khai yêu cầu được truy cập mọi tài liệu hiện có về đĩa bay. Những thành viên của *NICAP* bao gồm những sỹ quan cao cấp trong quân đội, trong số đó có Giám Đốc Donald Keyhoe. Những người nầy không chỉ thách thức định chế, mà chính họ là định chế, và họ yêu cầu có câu trả lời. Vào ngày 22/1/1958, vì được trang bị với bằng chứng mà ông tin sẽ phản chứng bản báo cáo của Ủy Ban Robertson Committee, Donald Keyhoe xuất hiện trên truyền hình để bàn thảo về hiện tượng đĩa bay. Keyhoe rất hùng hồn. Bằng chứng hiện có dứt khoát cho thấy rằng đĩa bay là những cỗ máy nằm dưới sự điều khiển của một chủng loại thông minh người hành tinh. Nhưng, khi Keyhoe nỗ lực nói với thế giới những gì ông biết, ban điều hành truyền hình cắt mất phần âm thanh của chương trình phát hình trực tiếp. Keyhoe cố nói gì với công chúng?

Về sau cũng trong năm đó, Keyhoe xuất hiện trên Đài *ABC* cùng với Mile Wallace để, một lần nữa, phơi bày bằng chứng về sự bưng bít được báo cáo của chính phủ về đĩa bay. Trong khi phát hình, Keyhoe tuyên bố không phải *CBS* đã kiểm duyệt ông trong kỳ phát hình trước đó. Ông cho biết chính Không Lực Hoa Kỳ đã cố bịt miệng ông.

Những người cầm quyền sẽ đi xa đến đâu để bưng bít sự thật về người hành tinh? Bí mật của chính phủ chung quanh việc tiếp xúc với người hành tinh đã buộc những nhóm dân chính phải tự mình điều tra hiện tượng đó.

Xuyên qua những tổ chức thông tin hàng đầu của Hoa Kỳ, trong đó niềm tin cởi mở về sự hiện hữu của đĩa bay chỉ như một đường rầy thứ ba đối với sự nghiệp của họ - hiện tượng đó đương nhiên cũng hiển thị xuyên suốt định chế khoa học và chính trị của Hoa Kỳ. Tất cả những định chế nầy cũng như những định chế khác đều xem đề tài đĩa bay không gì hơn là một trò đùa, một cái gì chỉ thích hợp cho những đầu óc chưa trưởng thành. Có thể nào các giáo sư khắp Hoa Kỳ đồng loạt bác bỏ hiện tượng nầy mà không có một cấu kết nào đó của cộng đồng tình báo - tức của *CIA*? Phải chăng đó là liên quan hữu cơ của thế giới khoa học, chính trị, và truyền thông?

Trong thập niên 1950, Philip Baxter, Giám Đốc Ủy Ban Nguyên Tử Năng Úc Đại Lợi, đưa ra một đề nghị hết sức cực đoan. Ông tìm cách biến Úc thành kho tồn trữ vũ khí nguyên tử, tưởng tượng đó như một tàu cấp cứu (lifeboat) cho đám chóp bu Mỹ, Anh, và Úc trong trường hợp xảy ra một đại họa toàn cầu. Về mặt công khai, kế hoạch của Baxter bị nhanh chóng bác bỏ, nhưng sự bí mật tuyệt đối chung quanh căn Cứ tối mật Pine Gap đã khiến một số chuyên gia tin rằng có thể kế hoạch của ông đã được thi hành ở đó và bất kỳ tin đồn nào về người hành tinh đều chỉ là một màn khói tinh vi để che đậy mục tiêu đích thực của nó. Nhưng có một khả thể khủng khiếp khác cần được xem xét. Nếu Pine Gap thực sự là một tàu cấp cứu hậu đại họa cho giai cấp chóp bu của thế giới thì rất có thể nó thực sự được xây dựng theo một nghị trình người hành tinh?

Một tiên tri truyền thống khác của các thổ dân ở Úc nói về mưa đen (black rain) sẽ rơi xuống khắp thế giới. Ngày nay mưa đen là một thuật ngữ được xử dụng để mô tả nạn phóng xạ giết người sẽ bao phủ thế giới trong những giờ theo sau một cuộc chiến nguyên tử toàn cầu và kết liễu hầu như toàn bộ mọi sự sống trên hành tinh trái đất. Phải chăng người hành tinh đã nói trước với các thổ dân ở Úc về tận thế? Và nếu căn cứ địa dưới lòng đất ở Pine Gap là một loại tàu cấp cứu, thì ai sẽ được mời để sống sót những điêu tàn trong kịch bản tận thế và tái tục lại từ đầu? Biết đâu con số đó chính là 2,000 người được Hệ Thống Siêu Quyền Lực Do Thái và các chính bù nhìn Tây Phương và Cộng Sản chọn lọc lần cuối sau khi đã thanh lọc qua nhiều âm mưu chính thức nhằm giảm thiểu dân số thế giới xuống mức tối thiểu để dễ bề cai trị theo nghị trình Trật Tự Thế Giới Mới? Trong số những âm mưu giảm thiểu dân số thế giới có Phương Trình Bill Gates, một tỉ phú gốc Do Thái rất tích cực phục vụ nghị trình Trật Tự Thế Giới Mới đó qua những chiêu bài từ thiện và bất vụ lợi rất khó phơi bày nhưng đầy tội ác.

Tham khảo:

- Willaim J. Birnes && Philip Carso: *The Day After Roswell: A Former Pentagon Official Reveals the U.S. Government's Shocking UFO Cover-up*
- Thomas J. Carey & Donald R. Schmitt: *Witness to Roswell*

- Jefferson Souza & Gil Carlson: Blue Planet Project - An Inquiry Into Alien Life Forms *Spiral-bound – 2014*
- American Television Series: *Unsealed Alien Files*

CHƯƠNG I
Người Hành Tinh
Đánh Cướp Điện Lực

Primary reference:
** Unsealed: Alien Files, American Television Series, Season 2, Episode 11. - Mary Carole McDonnell

(Phần lớn nội dung của chương nầy có thật. Có thể một số nội dung trong chương nầy đã được trình bày trong một chương trước đây hay một tập trước đây, nếu có phần nào được lặp lại ở chương nầy thì chỉ để bổ sung cho nội dung mới.)

"*Một nỗ lực toàn cầu đã bắt đầu. Những hồ sơ bị bưng bít với công chúng từ nhiều thập niên, với nhiều chi tiết về đĩa bay, hiện đang được phơi bày cho mọi người. Chúng tôi sẽ phơi bày sự thật phía sau những tài liệu mật nầy. Hãy tìm hiểu xem những gì mà chính phủ Hoa Kỳ không muốn cho bạn biết. Unsealed: Alien Files sẽ phơi bày những bí mật lớn nhất trên Trái Đất.*"
- Mary Carole McDonnell

** *Unsealed: Alien Files* là một bộ phim truyền kỳ Mỹ được trình chiếu lần đầu vào năm 2011 ở Hoa Kỳ. Bộ phim nầy điều tra về những tài liệu liên quan đến các trường hợp nhìn thấy và đối tác với *UFO* (unidentified flying object) - vật bay lạ hay đĩa bay - được công khai với dân chúng vào năm 2011 dựa theo Đạo Luật *Freedom of Information Act*. Mỗi kỳ (episode) của bộ phim nầy xem xét những trường hợp *UFO* được nhìn thấy, những trường hợp bị người hành tinh bắt cóc, âm mưu bưng bít của chính phủ và tin tức *UFO* khắp thế giới.

1. Tổng Quát

Thế giới hiện đại hoàn toàn lệ thuộc vào điện lực. Điện lực liên kết và cung ứng năng lượng cho máy móc của chúng ta.

Theo John Greenewald Jr. (hình trên), chúng ta chỉ cần bước ra đường thì có thể thấy nhân loại lệ thuộc thế nào vào kỹ thuật.

Những hệ thống điện cao thế là cực kỳ nguy hiểm nhưng rất dễ bị hư hỏng. Gần đây Hoa Kỳ đã kinh qua những vụ mất điện trên quy mô lớn, ảnh hưởng đến hàng triệu người và khiến cuộc sống của họ bị hỗn loạn bất ngờ. Nhưng một số chuyên gia tin rằng những lưới điện không bị hỏng do sai lầm của con người, mà do bị phá hoại bởi một mối đe dọa của người hành tinh.

Từ thập niên 1950, những đĩa bay đã được báo cáo bay lơ lửng bên trên những nhà máy điện, những hệ thống thủy điện, và có thể ngang nhiên nhận chìm các thành phố vào bóng tối.

Phải chăng những vụ mất điện xảy ra như một biến chứng của kỹ thuật người hành tinh, hay có một nghị trình đen tối đang tiến hành? Chương nầy sẽ cho thấy hệ thống điện lực toàn cầu đang bị bao vây.

2. Nội dung chính

2.1 Argentina, 11/2009

Trong khi hàng trăm người ra ngoài để hóng mát trong thành phố Joaquin V. Gonzalez, bỗng nhiên bầu trời bắt đầu sáng lên và họ kinh hãi nhìn thấy một con tàu sáng chói khổng lồ kỳ lạ bay đến gần một trạm thủy điện trên sông Juramento River. Vật bay lơ lửng một vài phút và sau đó biến mất, sau khi hơn một triệu người bị hoàn toàn nhận chìm vào đêm tối.

Phải chăng chỉ một đĩa bay mà khiến mất điện trên hơn 100 dặm vuông? Cũng theo John Greenewald Jr., nếu người hành tinh thực sự ra mặt thì chúng ta phải hỏi tại sao. Hiển nhiên, đây không phải là một màn biểu dương sức mạnh, vì thẳng thắn mà nói, nếu đây là một màn biểu dương sức mạnh thì có lẽ chúng ta đã thua. Kỹ thuật của họ tối tân hơn nhiều so với kỹ thuật của chúng ta. Câu trả lời có thê được tìm thấy nhiều thập niên sau đó trong những biến cố xảy ra ngay trên đất Hoa Kỳ.

Theo một báo cáo của Ủy Ban Quốc Gia Điều Tra về Hiện Tượng Không Gian (National Investigations Committee on Aerial Phenomena - NICAP), thập niên 1950 đã kinh qua một loạt những trường hợp chứng kiến đĩa bay có liên quan đến hoạt động điện từ (electromagnetic activity).

2.2 The Leveland Texas Incident

Đó là ngày 2/11/1957.

Chương I: Đánh Cắp Điện Lực

Hàng chục nhân chứng báo cáo nhìn thấy những ánh sáng lơ lửng trên bầu trời hơn ba tiếng. Dưới đây là một đoạn phát biểu có ký tên của một nhân viên kiểm soát của Leveland cho thấy những chi tiết đáng sợ của biến cố nầy.

> The Levelland, Texas, Sightings
> November 2, 1957
>
> Dr. J. Allen Hynek:
> For the moment, let us look at the probability that motors are and lights and radio stop by coincidence when the driver has a close sighting.
>
> We have all seen cars stopped by the side of the road, hood up, waiting for tow trucks. It would be highly improbable that a ca patrol car several miles behind. In his signed statement Hargrov stated:
>
> Was driving south on the unmarked roadway known as the Oklahoma Flat Highway and was attempting to search for an unidentified object reported to the Levelland Police Department.
>
> ... I saw a strange-looking flash, which looked to be down the roadway approximately a mile to a mile and a half.... The flash v from east to west and appeared to be close to the ground.

Chúng tôi xin ghi lại mấy dòng cuối hình.
I saw a strange-looking flash, which looked to be down the roadway approximately a mile to a mile and a half... The flash went from east to west and appeared to be close to the ground.
(Tôi nhìn thấy một vật sáng có vẻ như đáp xuống đường khoảng một đến một dặm rưỡi... Vật sáng di chuyển từ tây sang đông và có vẻ xuống gần mặt đất.)
Khi những vật bay đáp xuống một đoạn có đông xe cộ, mười chiếc xe đang chạy bỗng đứng lại. Các cư dân toàn tỉnh báo cáo xe của họ bị mất điện. Khi những vật bay biến mất vào bầu trời, xe cộ bắt đầu chạy trở lại mà không hề bị hư hại gì cả.

Project Blue Book, một dự án tối mật về đĩa bay của Hoa Kỳ, lập tức điều tra sự việc. Họ quả quyết những đĩa bay có thể đang xử dụng một dạng nhiễu sóng điện từ (electromagnetic interference).

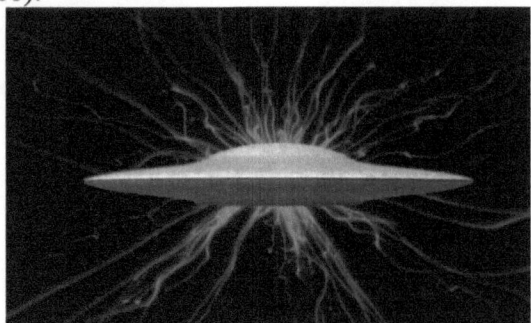

Theo Edward Ruppelt, cựu giám đốc của Dự Án *Project Blue Book* (hình dưới), thú nhận:
We had reports of reports of radiation and induction fields in connection with UFO's.
(Chúng tôi có những báo cáo về phóng xạ và trường cảm ứng liên quan đến các đĩa bay.)

Một chuỗi trường hợp điện từ xảy ra vào năm 1957 cho thấy một chiều hướng hoàn toàn mới trong vấn đề điều tra đĩa bay. Phải chăng những hiện tượng điện từ người hành tinh nầy có thể được xử dụng để vô hiệu hóa nhiều thứ khác hơn là những bình điện và đèn mũi của xe hơi?
Sau Đệ Nhị Thế Chiến, công trình xây dựng những lưới điện bao la đã cho phép Hoa Kỳ tăng gấp ba lượng tiêu thụ điện

năng của họ. Phải chăng bước nhảy vọt trong tiêu thụ năng lượng nầy đã thu hút sự chú ý của người hành tinh?

2.3 Exeter, New Hampshire, 1965

Exeter là một tỉnh nhỏ miền thôn quê rất thơ mộng của tiểu bang New England. Nhưng bầu không khí yên tĩnh đã bị nhiễu động vào một buổi chiều, khi nhiều nhân chứng báo cáo nhìn thấy một loạt những quả cầu sáng từ trên trời bay xuống và nhắm thẳng vào những đường dây điện.

Cảnh sát địa phương đến hiện trường trong khi một oanh tạc cơ của Không Quân xuất hiện trên bầu trời. Một đĩa bay nhanh chóng lao thẳng vào chiếc oanh tạc cơ đang truy đuổi.

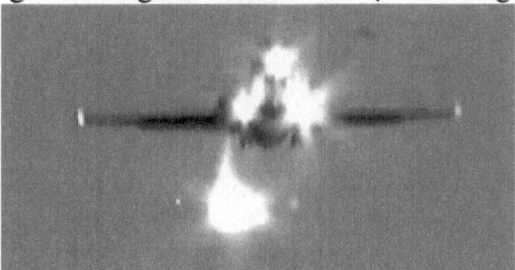

Nhưng những gì xảy ra đúng chín tuần lễ sau đó đã vĩnh viễn biến đổi kỹ nghệ điện.

2.4 Syracuse, New York

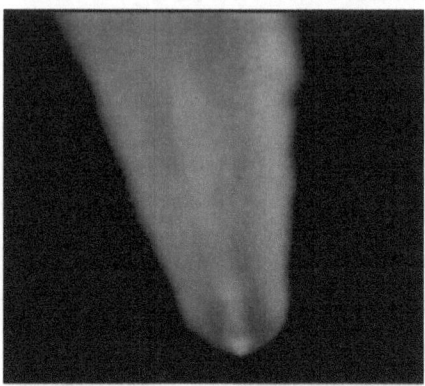

Đó là ngày 9/11/1965. Một người mẹ và các con của bà nhìn thấy một quả cầu lửa (fireball) lao qua bầu trời bên trên Syracuse, New York. Khi quả cầu lửa bay qua, những ánh đèn trong nhà của họ chớp liên hồi một cách kinh dị.

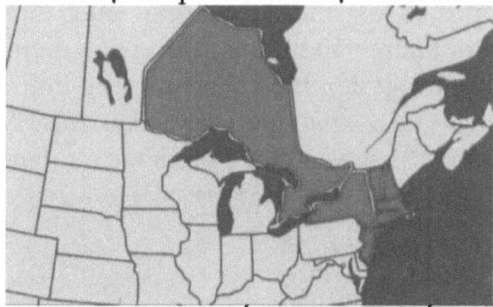

Đó cũng là ngày xảy ra vụ mất điện lớn nhất mà lục địa nầy chưa hề thấy tại Bắc Mỹ. Biến cố nầy được gọi là *The Great Northeastern Blackout* và đã nhận chìm 30 triệu người trong hai quốc gia Hoa Kỳ và Canada vào đêm tối hoàn toàn. Tám tiểu bang miền đông Hoa Kỳ và phần lớn miền nam Canada đã mất điện.

2.5 Syracuse Airport, New York

Những phi cơ nào đang bắt đầu đáp xuống đều chứng kiến phi đạo tối câm. Trong vòng một phút mất điện, các hành khách và Chỉ Huy Phó Hàng Không tại Phi Trường Syracuse

Chương I: Đánh Cắp Điện Lực

Airport chứng kiến một đĩa lửa không lồ rộng 150 *feet* bay trên bầu trời. Trong khi phi trường bị chìm trong đêm tối, một huấn luyện viên phi hành và sinh viên tập lái của ông bắt đầu đáp xuống phi đạo. Trong khi chuẩn bị đáp, họ chứng kiếm một tia sáng chói chang kỳ lạ khác bên trên một hệ thống điện lực gần đó. Sau đó, vào lúc 5:27 pm, khoảng 25 triệu người mất điện. New York City rơi và tình trạng hỗn loạn trong những giờ cao điểm; các thang máy đầy người kẹt lại nửa chừng; và 800,000 người bị kẹt trong những đường hầm xe điện ngầm. Trên mặt đất, đèn giao thông tắt hết, xe cộ ùn tắc hàng dặm dài trong mọi chiều, và hàng trăm ngàn người ùa ra đường trong đêm tối.

Một ánh sáng chói chang bỗng xuất hiện bên trên thành phố tối om.

Phải chăng đó cũng chính là chiếc đĩa bay được chứng kiến bên trên hệ thống điện gần Syracuse, hay một chiếc đĩa bay thứ nhì bí ẩn khác đang cướp hết điện của New York City?

Khi nhà chức trách Thành Phố New York City gởi một toán nhân viên đến nhà máy điện, họ tiếp xúc với những người tự xưng là nhân viên *FBI*.

Nhưng trong khi những vụ hôi của và hỏa hoạn đang hoành hành thành phố, việc điều tra của nhà chức trách không tìm ra được điều gì bất thường; và điện có lại 13 tiếng sau đó. Cơ quan *FBI* từ chối bình luận hay thậm chí nhìn nhận sự dính líu của họ. Nhưng tại sao một vụ mất điện lại liên quan đến nhiều nhân viên *FBI*?

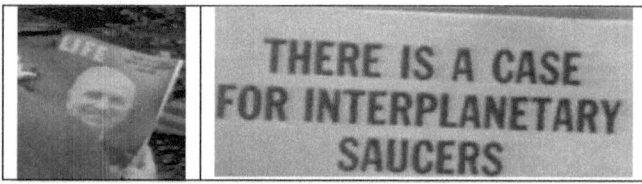

Trong những tuần lễ tiếp theo, báo chí âm ỉ luận đoán rằng một con tàu người hành tinh là nguyên nhân của vụ mất điện. Tờ *Life,* một trong những tập san khả kính nhất từ trước đến nay, cho phổ biến một tấm hình với lời chú thích, "*Could this be a UFO?*" (Có thể đây là một đĩa bay?)

Nhưng mãi đến ba năm sau người ta mới điều tra khả thể về sự dính líu của người hành tinh. Ủy Ban Hạ Viện của Chính phủ Hoa Kỳ về khoa học và không gian đã họp một phiên đặc biệt.

2.6 Hội Thảo về Đĩa Bay

```
SYMPOSIUM ON UNIDENTIFIED
        FLYING OBJECTS

            HEARINGS

           BEFORE THE

COMMITTEE ON SCIENCE AND ASTRONAUTICS
    U.S. HOUSE OF REPRESENTATIVES

        NINETIETH CONGRESS

         SECOND SESSION
```

Đó là năm 1968, tại Washington DC.
James McDonald, một giáo sư nổi tiếng tại Viện *Institute for Atmospheric Physics* (hình dưới), đã chia xẻ những kết quả nghiên cứu của ông về đĩa bay.

McDonald đã được phép truy cập tự do chưa từng thấy đối với những điều trần của nhân chứng, tài liệu chính phủ, và ngay cả những hồ sơ tối mật của dự án *Project Blue Book* về hoạt động của các đĩa bay.

McDonald cảnh cáo có một trùng hợp khó hiểu và vô cùng khó nghĩ giữa việc chứng kiến đĩa bay và sự kiện mất điện. Theo ông, chúng ta nên quan tâm rộng rãi về vấn đề đĩa bay. Những kết quả nghiên cứu của McDonald đã trở thành những đầu đề trên báo chí và tạo nên những làn sóng sửng sốt khắp cơ cấu quyền lực Hoa Kỳ.

Cùng năm đó, vật lý gia nổi tiếng Edward Condon (hình trên) và toán của ông trao cho cộng đồng khoa học một phúc trình của chính phủ về đĩa bay được nhiều người dự kiến. Nhiều người tin rằng câu trả lời cho vấn đề đĩa bay cuối cùng có thể đã sẵn sàng.

2.7 The Condon Report

Một nhà phên bình mô ta báo cáo Condon như là tài liệu công khai ảnh hưởng nhất liên quan đến tư thế khoa học của vấn đề đĩa bay. Mọi công trình khoa học đương thời về vấn đề đĩa bay đều phải tham chiếu báo cáo Condon. Kỹ nghệ chào đón một báo cáo khoa học như thế liên quan đến hiện tượng đĩa bay. Trong số những công ty trong kỹ nghệ đó có Công Ty *Ford Company*, đang nỗ lực tìm hiểu những trường hợp càng ngày càng gia tăng trong đó các đĩa bay vô hiệu hóa điện khí của các xe hơi khắp Hoa Kỳ. Ủy Ban *NICAP* đề nghị giúp đỡ chính phủ trong việc nghiên cứu những trường hợp được nói là chứng kiến đĩa bay và những hậu quả bí ẩn của chúng. Nhiều cuộc thí nghiệm và mô phỏng được tiến hành dựa trên bằng chứng điện từ, nhưng họ không thể xác định làm thế nào các xe hơi bị tê liệt. Dường như, cuối cùng, thời điểm tiết lộ đã cận kề.

2.8 Bưng bít của Condon Report

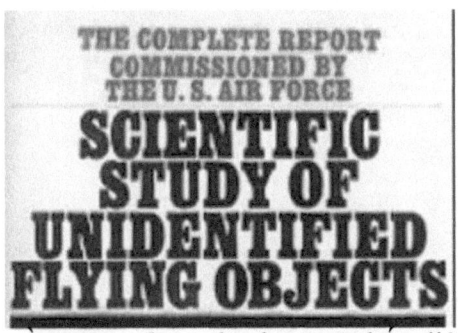

Các báo cáo về trường hợp đĩa bay rút hết điện khí xe hơi, làm tê liệt xe, và làm mất điện khắp thành phố đã gây quan ngại nơi những công ty lớn, truyền thông, và cộng đồng khoa học. Để đáp ứng, chính phủ Hoa Kỳ ủy nhiệm cho cơ quan *Condon Report* xác định sự thật. Nhưng có thể kết quả nghiên cứu của họ cũng chẳng có gì.

Một giác thư bị rò rĩ được khám phá khiến cuộc điều tra của *Condon Report* tan ra từng mảnh. Người ta thấy trồi lên những tố cáo về việc chính phủ bưng bít. Một nhà nghiên cứu hàng đầu xem việc nghiên cứu về người hành tinh như là chuyện vô nghĩa (nonsense). *NICAP* lập tức rút lui mọi dính líu của họ, tuyên bố cuộc điều tra chỉ là một trò giả tạo và không có kết quả nào được dự tính cả. Đối trước những bằng chứng ngày một gia tăng và hàng trăm trường hợp chứng kiến đĩa bay, tổ chức Condon Report vẫn tuyên bố "không có kết quả nào có được từ việc nghiên cứu đĩa bay trong 21 năm qua có thể bổ sung cho kiến thức khoa học. Sau khi xem xét cẩn thận... chúng tôi kết luận rằng việc nghiên cứu sâu xa hơn nữa về đĩa bay có lẽ không thể được biện minh."

Theo chân Condon Report, chính phủ đột nhiên chấm dứt mọi điều tra về hiện tượng đĩa bay. Không Lực Hoa Kỳ chính thức chấm dứt dự án *Project Blue Book* vào ngày 17/12/1969. James McDonald trình bày với báo chí trước khi tổ chức nầy đóng cửa và ông cho biết những cuộc điều được chủ trương để thất bại. Một bài báo của ngày hôm đó cho biết, "Ông (James McDonald) đã lặp lại lời tố cáo cho rằng Cơ Tình Báo Trung Ương CIA đã ra lệnh cho Không Lực Hoa Kỳ phải bài bác những báo cáo về đĩa bay."

Theo Michael Salla (hình trên), như thế, đó quả thực là một chính sách đã được tiến hành từ năm 1953 qua trung gian của CIA, và, chủ yếu, tiếp tục cho đến ngày nay, trong đó phần lớn những khoa học gia, phần lớn những người có những chức vụ chóp bu trong bộ máy quan liêu hay trong truyền thông, hay bất kỳ chức vụ quyền thế nào, cũng sẽ dễ dàng bị nhạo báng, nếu họ đề cập đến đề tài đĩa bay.

Dường như chính phủ không muốn đi xa chút nào để kiểm soát thông tin về sự hiện diện của đĩa bay. Nhưng những gì họ không thể kiểm soát được chính là mối đe dọa đang leo thang. Suốt thập niên tiếp theo, Hoa kỳ phát triển một loại năng lượng rất khác để thỏa mãn nhu cầu bất tận của họ, một loại năng lượng có thể đặt chúng ta trực tiếp trên màn hình *radar* của người hành tinh.

Vào năm 1977, những căng thẳng trong quan ngại kinh tế và cuộc khủng hoảng năng lượng ở Bắc Mỹ khiến cho dân chúng lo ngại. Tổng Thống Hoa Kỳ Carter báo cho dân chúng Hoa Kỳ biết rằng cuộc khủng hoảng năng lượng là một hiểm họa rõ ràng và hiện hữu đối với quốc gia. Nhưng phải chăng Carter muốn ám chỉ cuộc khủng hoảng dầu mỏ ở Trung Đông hay ám chỉ mối đe dọa của người hành tinh?

2.9 Indian Point Energy Center

Đó là ngày 12/7/1977

Chương I: Đánh Cắp Điện Lực

Tên giết người hàng loạt với biệt danh *Son of Sam* gần đây đã tuyên bố nạn nhân thứ sáu của y. Nhưng New York đang đối mặt với một vụ tấn công thậm chí còn kinh khủng, lạ thường hơn thế nhiều

Trong khi lái xe về nhà, một gia đình nọ chứng kiến hai con tàu lạ đáp xuống nhà máy điện nguyên tử ở Indian Point. Xa lộ lập tức bị ùn tắc vì những xe đậu lại và những người đang ngơ ngác đứng nhìn những con tàu sáng chói đang lơ lửng bên trên nhà máy điện. Những con tàu nầy được nói là im lặng một cách lạ thường.

Những ánh sáng màu đỏ, xanh lá cây, và xanh đậm xoay tròn trên đỉnh của những con tàu. Phải chăng chúng đang quan sát nhà máy điện nguyên tử Indian Point (hình trên phải)?
Theo John Greenewald Jr., có những trường hợp đĩa bay trong đó chúng thường xuất hiện và thực sự làm tê liệt nhà máy điện nguyên tử, đôi khi nhiều phút liền. Chúng thường có một hậu quả vật lý thực sự trên nhà máy. Cuối cùng hàng chục nhân chứng báo cáo đã nhìn thấy đĩa bay đêm đó.

2.10 Thành Phố New York City

Ngay ngày hôm sau, chỉ cách nhà máy điện nguyên tử có 30 dặm về phía nam, thành phố New York City cũng bị một vụ mất điện tàn hại khác. Thành phố của tiểu bang nầy vốn không bao giờ ngủ bỗng nhiên im lặng một cách lạ thường. Hàng trăm cửa hàng và nhà dân đã bị hôi của. Nạn đốt nhà bừa bãi đã thiêu hủy toàn bộ nhiều khu dân cư. Chỉ ở Broadway không thôi đã có 35 lô thành thị bị thiêu hủy. Cảnh sát và lính cứu hỏa ra sức duy trì một loại trật tự nào đó, nhưng thành phố vẫn rơi vào một trình trạng hoàn toàn hỗn loạn. Hơn 55 cảnh sát bị thương và hơn 4,500 người bị bắt.

Sáng hôm sau, khi mặt trời bắt đầu mọc, một vài đám cháy hãy còn hoành hành khắp thành phố. Abe Beam, Thị Trưởng Thành Phố, nói với báo chí, "Vụ mất điện đã đe dọa an ninh của chúng ta và đã ảnh hưởng nghiêm trọng đến nền kinh tế của chúng ta. Chúng ta đã khứng chịu một cách vô lý một đêm hãi hùng trong nhiều cộng đồng đã bị hôi của và đốt cháy một cách thô bạo."

Thành Phố New York City cuối cùng đã được tái thiết và phục hồi. Nhưng trong thập niên tiếp theo, nhân loại sẽ tìm ra những phương thức mới để thỏa mãn nhu cầu của họ về năng lượng và kỹ thuật.

Phải chăng tình trạng lệ thuộc của chúng ta vào năng lượng khiến chúng ta dễ bị tổn thương hơn do sự can dự của người hành tinh? Những trường hợp chứng kiến đĩa bay bên trên những nhà máy điện nguyên tử hãy còn xảy ra khắp thế giới. Tại sao những đĩa bay lại quan tâm đến năng lượng nguyên tử? Phải chăng đó chỉ là một nguồn năng lượng tiện lợi mà họ muốn cướp bớt? Nếu thế, câu hỏi lớn hơn sẽ là: những gì sẽ xảy ra nếu nguồn ra của năng lượng nguyên tử của chúng ta không thỏa mãn được những nhu cầu càng ngày càng gia tăng của họ?

Các chuyên gia tin rằng rất có thể những đĩa bay đã cướp năng lượng từ những nhà máy điện hạ tầng của chúng ta từ nhiều thập niên, tạo ra những vụ mất điện tàn hại và những tình trạng hỗn loạn rộng khắp. Vì tình trạng lệ thuộc của chúng ta vào kỹ thuật gia tăng, những nhu cầu năng lượng của chúng ta cũng thế, từ truyền thông đến những định chế tài chánh, đến những phòng cấp cứu tại các bệnh viện. Ngay cả cảnh sát và quân đội cũng lệ thuộc vào máy vi tính và điện tử để phục vụ và bảo vệ dân chúng.

Một vụ mất điện toàn cầu sẽ không chỉ vô hiệu hóa chúng ta, mà còn làm tê liệt chúng ta. Chúng ta sẽ hoàn toàn dễ tổn thương trước các vụ tấn công, từ bên trong cũng như từ bên ngoài. Nhưng nguyên nhân có thể từ đâu đến?

Theo Steve Bassett (hình dưới), phải cần bao nhiêu năng lượng để một con tàu người hành tinh có thể bay 5,000 miles/giờ, 10,000 miles/giờ?

Đương nhiên, phải cần những con số năng lượng không lồ.

Nếu phải thỏa mãn nhu cầu năng lượng cho một chủng loại người hành tinh muốn du hành xuyên qua nhiều thiên hà thì những tài nguyên thiên nhiên của trái đất sẽ nhanh chóng cạn kiệt. Và nếu trái đất không còn là một nguồn năng lượng nữa, thì đó còn là gì? Mặt trời là nguồn năng lượng lớn nhất trong Thái Dương Hệ của chúng ta, cung ứng $384,600,000^7$ watts mỗi giây, và duy trì mọi sự sống trên hành tinh của chúng ta.

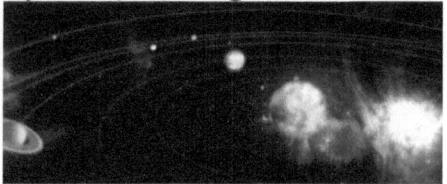

Nhưng vào năm 2012, phi thuyền *Solar Dynamics Observatory* của NASA chụp được hình của một cái gì trông giống như một đĩa bay đã giao tiếp với mặt trời trước khi tăng tốc vào không gian bao la (hình dưới).

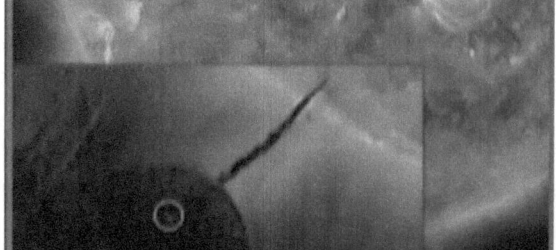

Phải chăng đây là bằng chứng cho thấy mặt trời là mục tiêu kế tiếp của họ? Phải chăng ngay cả năng lượng của một tinh tú cũng đủ thỏa mãn nhu cầu năng lượng của người hành tinh?

Các chuyên gia tin rằng một chủng loại người hành tinh thậm chí có thể hút hết năng lượng của mặt trời, tức chính nguồn sống của hành tinh chúng ta. Và nếu thế, phải chăng họ đang dự tính vĩnh viễn đặt nhân loại trong bóng tối?

CHƯƠNG II
Người Hành Tinh
Và Hậu Quả Sinh Thái

Primary reference:
** Unsealed: Alien Files, American Television Series, Season 2, Episode 12. - Mary Carole McDonnell

(Phần lớn nội dung của chương nầy có thật. Có thể một số nội dung trong chương nầy đã được trình bày trong một chương trước đây hay một tập trước đây, nếu có phần nào được lặp lại ở chương nầy thì chỉ để bổ sung cho nội dung mới.)

"*Một nỗ lực toàn cầu đã bắt đầu. Những hồ sơ bị bưng bít với công chúng từ nhiều thập niên, với nhiều chi tiết về đĩa bay, hiện đang được phơi bày cho mọi người. Chúng tôi sẽ phơi bày sự thật phía sau những tài liệu mật nầy. Hãy tìm hiểu xem những gì mà chính phủ Hoa Kỳ không muốn cho bạn biết. Unsealed: Alien Files sẽ phơi bày những bí mật lớn nhất trên Trái Đất.*"
- Mary Carole McDonnell

** *Unsealed: Alien Files* là một bộ phim truyền kỳ Mỹ được trình chiếu lần đầu vào năm 2011 ở Hoa Kỳ. Bộ phim nầy điều tra về những tài liệu liên quan đến các trường hợp nhìn thấy và đối tác với *UFO* (unidentified flying object) - vật bay lạ hay đĩa bay - được công khai với dân chúng vào năm 2011 dựa theo Đạo Luật *Freedom of Information Act*. Mỗi kỳ (episode) của bộ phim nầy xem xét những trường hợp *UFO* được nhìn thấy, những trường hợp bị người hành tinh bắt cóc, âm mưu bưng bít của chính phủ và tin tức *UFO* khắp thế giới.

1. Tổng Quát

Thế giới của chúng ta đang thay đổi. Nhiệt độ đang tăng dần. Mực nước biển đang lên cao. Những trận bão khủng khiếp đang trở thành thường xuyên hơn và khốc liệt hơn. Trái đất đang nhanh chóng trở thành thù nghịch với sự sống của con người. Cùng lúc đó, hoạt động của người hành tinh đang gia tăng. Có thể có một liên quan giữa hai sự kiện đó? Phải chăng người hành tinh đang nắm bắt cơ hội nầy để tăng tốc nghị trình biến đổi trái đất? Và nếu thế, mục tiêu tối hậu của họ là gì?

Theo Steve Murillo (hình trên), có thể đó là một phương cách để chăn giữ đàn cừu. Nếu người hành tinh muốn quét sạch chúng ta, đương nhiên họ có thừa khả năng làm thế.

Chương nầy sẽ cho thấy một âm mưu tiềm tàng nhằm tạo ra một trái đất của người hành tinh.

2. Nội dung chính

2.1 Waldo Canyon, Colorado

Đó là ngày 28/6/2012 tại Waldo Canyon, thuộc tiểu bang Colorado.
Vụ cháy rừng lớn hàng thứ nhì trong lịch sử tiểu bang hoành hành khắp khu vực. Giữa lúc hỗn loạn, các cư dân nhìn thấy một vật bí ẩn từ trên trời rơi xuống ngay trung tâm của vùng hỏa hoạn.

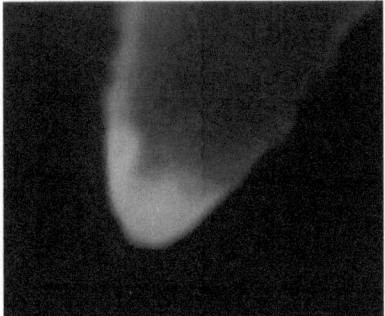

Họ báo cáo vật bay đó với nhà chức trách như là một đĩa bay. Bộ Chỉ Huy Phòng Không Bắc Mỹ (NORAD - North American Aerospace Defense Command) xác nhận có một vật bay đã rơi xuống từ không gian, nhưng chỉ xem đó là một thiên thạch chứ không phải là một đĩa bay. Theo họ, sự kiện vật bay đó rơi trực tiếp vào một đám cháy rừng được xem như là một trùng hợp ngẫu nhiên. Nhưng câu chuyện đó sẽ sớm thay đổi.

Ngày hôm sau, một toán phóng viên truyền hình thu được hình một đĩa bay tiến đến gần một trực thăng đang theo dõi đám cháy.

Hình ảnh đó quá hiển nhiên và làm dấy lên những câu hỏi nan giải. Tại sao một đĩa bay hiện diện ngay giữa trung tâm một thiên tai? Phải chăng nó có một liên hệ nào đó với vật bay xuất hiện ngày hôm trước? Và phải chăng cả hai đĩa bay đều có liên hệ với nguyên nhân của vụ cháy rừng?

Nguyên nhân của vụ cháy rừng ở Waldo Canyon hãy còn chưa rõ. Và đó chỉ là một trong số 10 vụ cháy rừng lớn nhất đốt cháy Colorado lúc bấy giờ. Hậu quả vô cùng tai hại, trên quy mô địa phương lẫn toàn cầu,. Trong khi nhiệt độ tăng cao và trái đất khô héo, những vụ hỏa hoạn nầy đang trở thành thường xuyên hơn, đưa lượng *carbon dioxide* và khí quyển mỗi ngày một nhiều hơn. Vì ít cây cối hơn để hấp thụ lượng *carbon* dư thừa nầy, xu thế hâm nóng địa cầu sẽ chỉ tăng tốc mà thôi. Có thể vật bay thứ nhất ở Waldo Canyon là thiết bị khai hỏa do một đĩa bay ném xuống để kích hoạt một đám cháy khác? Và nếu thế, họ có lợi gì khi đốt cháy trái đất? Câu tra lời có thể được tìm thấy trong những kế hoạch của chúng ta nhằm tránh tuyệt chủng.

Chương II: Hậu Quả Sinh Thái

2.2 Cải Tạo Kim Tinh (Terraforming Mars)

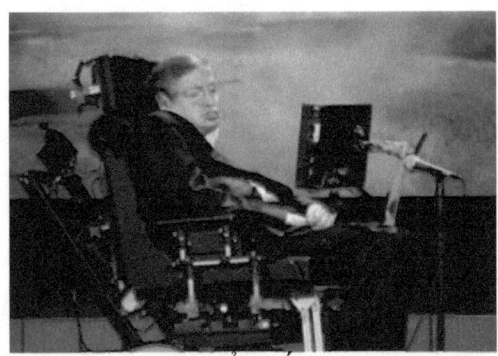

Vào năm 2012, vật lý gia nổi tiếng Stephen Hawking (hình trên) tuyên bố rằng cơ may duy nhất của nhân loại để sống sót lâu dài là không nán lại trên hành tinh trái đất mà vươn ra ngoài không gian. Các chuyên gia đồng ý rằng Hỏa Tinh (Mars) là cõi trời an toàn khả hữu duy nhất của chúng ta trong Thái Dương Hệ.

Nhưng bầu khí quyển của hành tinh nầy quá mỏng so với bầu khí quyển của trái đất và phần lớn bao gồm chất độc *carbon dioxide* chết người. Muốn trở thành một ứng viên khả thể cho kế hoạch di dân đại quy mô, Hỏa Tinh sẽ phải trải qua một tiến trình cải tạo hầu như toàn diện.

Cơ Quan Quản Trị Hàng Không và Không Gian Hoa Kỳ (NASA- National Aeronautics and Space Administration) đã xem xét khả năng cải tạo môi trường của Hỏa Tinh để phục vụ nhu cầu con người thông qua một tiến trình gọi là *TERRAFORMING*. Những nhà máy sẽ được thiết lập trên mặt Hỏa Tinh để tạo ra những khối lượng khổng lồ về hơi nhà kính giống hệt như loại hơi đang đe dọa trái đất ngày nay.

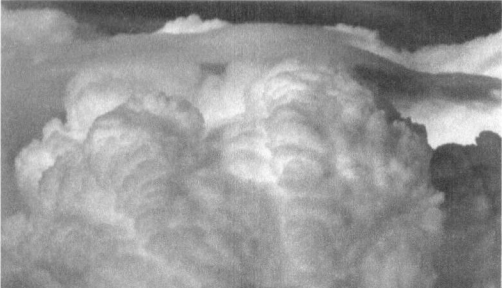

Những hơi nầy sẽ giữ lại sức nóng từ mặt trời, hâm nóng bề mặt Hỏa Tinh. Những vùng băng cực sẽ tan, đưa thêm khí *carbon dioxide* vào khí quyển, hâm nóng hành tinh nầy hơn nữa. Sự xuất hiện của nước sẽ cung ứng phương tiện duy trì sự sống ở tầm dài.

Đó là một kế hoạch cực kỳ tham vọng trên một quy mô hầu như không thể tưởng tượng. Nhưng nhờ vào tiến trình cải tạo *terraforming* đó, Hỏa Tinh có thể trở nên một quê hương cho nhân loại.

Vấn đề là: liệu có một chủng loại nào khác đã nghĩ đến kế hoạch đó trước? Phải chăng người hành tinh đang kích hoạt những vụ cháy rừng để loại bỏ nhân loại và tạo ra những điều kiện sống lý tưởng cho chính chủng loại của họ trên trái đất? Và phải chăng đây là bước duy nhất trong kế hoạch của họ nhằm tạo ra một trái đất của người hành tinh?

Một lần nữa ở đây, những vụ cháy rừng đang càng ngày càng trở nên thường xuyên hơn khắp hành tinh của chúng ta. Những đĩa bay được nhìn thấy bên trên một đám cháy rừng khổng lồ ở Colorado. Và một lần nữa ở đây, phải chăng người hành tinh khởi động những vụ cháy rừng đó như một phần của một âm mưu rộng lớn hơn nhằm cải tạo trái đất thành một hành tinh mà chủng loại của chính họ có thể cư ngụ? Và phải chăng đây là bước duy nhất trong kế hoạch của họ?

2.3 Biến cố Miền Nam Brazil

Đó là tháng 6/2012 tại miền nam Brazil.
Nhiều nhân chứng báo cáo đã nhìn thấy một đĩa bay lơ lửng ngoài khơi bờ biển gần biên giới Argentina. Con tàu kỳ lạ đó không bao giờ đến gần mặt đất và không bao giờ có vẻ đe dọa người dân địa phương. Nhưng theo một số chuyên gia, có những nạn nhân.

Theo Steve Murillo, có nhiều nhân chứng. Vụ chứng kiến kéo dài vài giờ. Khoảng ba tuần lễ sau, xác của mấy trăm con chim cánh cụt (penguins) trôi dạt vào bờ. Chúng không có vẻ chết vì đói. Chúng không có vẻ chết vì chấn thương.
Cái gì đã gây ra một số tử vong khổng lồ như thế? Và những gì sẽ xảy ra khi sự kiện đó xảy ra trên một quy mô thậm chí rộng lớn hơn?

2.4 Loài ong đang biến mất

Thế giới hiện đối mặt với một cơn khủng hoảng tuyệt chủng ở một mức độ chưa từng thấy từ thời đại khủng long, với khoảng 140,000 chủng loại khác nhau đã biến mất. Nhưng trong số tất cả những sinh vật đang bị đe dọa tuyệt chủng, một chủng loại bên trên mọi chủng loại khác có khả năng kéo nhân loại theo với chúng: ONG.

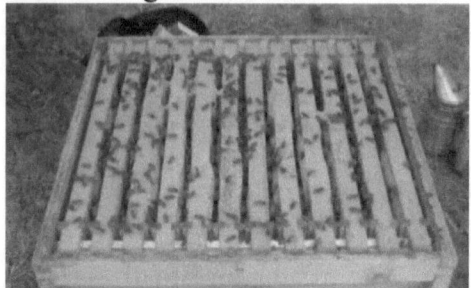

Và không ai biết chắc tại sao chúng lại đang bị tuyệt chủng. Ong sống bằng mật và phấn của những loài cây trổ hoa, và khi làm thế, chúng giúp cho cây cối kết trái theo một tiến trình được gọi là thụ phấn (pollination). Những loài cây nầy bao gồm hàng chục chủng loại thiết yếu cho nguồn cung ứng thực phẩm. Đại để một phần ba lượng thực phẩm mà chúng ta tiêu thụ đến từ những loài cây nầy. Ong có thể chích rất đau, nhưng nếu không có ong thì nhân loại sẽ đối diện với một tình trạng thiếu hụt thực phẩm chết người.

Những năm gần đây đã chứng kiến dân số loài ong khắp thế giới giảm xuống đột ngột. Ở Anh, những người nuôi ong báo cáo một giảm sút 50% chỉ trong vòng một năm, từ năm 2012 đến 2013. Hiện tượng chủng loại sinh tử nầy biến mất nhanh chóng là một xu thế đáng ngại và trùng hợp với một hiện tượng khác cũng đáng ngại không kém: đĩa bay xuất hiện nhiều hơn.

Theo tổ chức *Mutual UFO Network* (MUFON-LA), năm 2012 cũng kinh qua một gia tăng lớn lao về những trường hợp chứng kiến đĩa bay khắp thế giới. Có thể hai hiện tượng có liên quan với nhau theo một cách nào đó? Trong trường hợp người hành tinh cố tình thực dân hóa trái đất, thì chính nhân loại sẽ là trở ngại lớn duy nhất đối với họ. Và một số chuyên gia tin rằng các chính phủ đã bịt mắt phần lớn nhân loại đối với tình trạng mong manh của chúng ta trên hành tinh nầy.

Chương II: Hậu Quả Sinh Thái

Theo Steve Bassett (hình trên), chúng ta có chính phủ của chúng ta, và chính phủ nầy nói rất rõ rằng chúng ta đang đi trước 20, 30, 40, 50 năm trong lãnh nầy trong lãnh vực nọ, chứ không như bạn nghĩ. Và ngay ở đây, chúng ta có đến bảy tỉ dân trên hành tinh với những vấn đề nghiêm trọng hàng đầu. Thiếu hụt thực phẩm, thiếu hụt nước uống, và suy hoại môi trường.

Bất kỳ chủng loại người hành tinh nào đang nghiên cứu thế giới thiên nhiên của chúng ta cũng sớm khám phá ra những phương thức tinh tế nhưng không kém hữu hiệu để đẩy nhân loại xuống hố.

Phải chăng người hành tinh đang giết chết loài ong như một phần của một kế hoạch bí mật nhằm làm cho chúng ta chết đói và biến mất khỏi mặt trái đất? Và đây có phải là mối đe dọa duy nhất của người hành tinh đối với nguồn cung ứng thực phẩm của chúng ta hay không?

2.5 Súc vật bị cắt (Cattle Mutilation)

Đó là ngày 24/3/1987, tại Dulce, New Mexico.

Chủ trại nuôi bò Manuel Gomez (hình trên) phát hiện xác của một con bò đực 11 tháng tuổi mới chết gần đây. Câu chuyện không có gì mới lạ, nhưng tình trạng theo sau cái chết của con bò khiến Gomez và các chuyên viên thú y vô cùng ngạc nhiên. Cơ quan sinh dục của con bò bị cắt đi với một độ giải phẫu chính xác vượt xa ngay cả khả năng của kỹ thuật *laser* tối tân nhất ngày nay.

Tử thi còn lại của con bò có vẻ như bị ném xuống từ trên cao, một động tác chỉ có thể thực hiện được bằng một con tàu. Những mẫu máu lấy từ hiện trường là một dạng khác thường của màu hồng nhạt và không đông. Xác chết được gởi đến một phòng thí nghiệm ở Los Alamos để giải phẫu tử thi. Báo cáo chính thức của cảnh sát ghi nhận rằng cả gan và tim đều bị nát nghiền, có hình thù và độ kết như của bơ đậu phộng (peanut butter). Họ kết luận rằng máu màu hồng nhạt có thể được giải thích là do một loại phóng xạ có kiểm soát dùng để giết con bò.

Ai có thể giết một con bò trại bằng phóng xạ và cắt xén nó một cách quái đản như thế? Và tại sao? Biến cố đó thực ra chỉ là một trong nhiều vụ cắt xén trâu bò đã được báo cáo và đã hoành hành Hoa Kỳ từ đầu thập niên 1960.

Chương II: Hậu Quả Sinh Thái

```
            FEDERAL BUREAU OF INVESTIGATION
                ENCLOSURE COVER SHEET
                    ANIMAL/
        SUBJECT  CATTLE MUTILATION

                  CROSS-REFERENCES

        32   PAGES REVIEWED FOR THIS RELEASE
        32   PAGES AVAILABLE FOR RELEASE
```

Nhưng một tài liệu giải mật từ năm 1974 cho thấy rằng Cơ Quan Điều Tra Liên Bang FBI lúc đầu đã từ chối điều tra, viện cớ vi phạm quy định tài phán điều tra. Cuối cùng, khi FBI đảm nhận trường hợp đó vào năm 1979, họ phát hiện một cuộc khủng hoảng rộng lớn tại chính sân sau của Hoa Kỳ.

Theo một giác thư được giải mật từ trưởng ban điều tra, vào tháng 7/1978, một đĩa bay được báo cáo đã được chứng kiến bởi một cư dân ở Taos, New Mexico. Đĩa bay nầy lơ lửng bên trên một chiếc xe tải mui trần. Sáng hôm sau, những viên bột được nói đã được tìm thấy trên thân xe tải. Các cư dân địa phương xác định những viên bột đó là da bò. Phải chăng những vụ cắt xén trâu bò và biến nội tạng của chúng thành chất lỏng là một âm mưu khác của người hành tinh nhằm phá hoại nguồn cung ứng thực phẩm của chúng ta? Hay phải chăng họ cố biến cải trâu bò của chúng ta cho thích hợp với nhu cầu dinh dưỡng của chính họ trên trái đất mới thuộc về người hành tinh?

Bằng chứng đã cho thấy một âm mưu khả thể của người hành tinh nhằm biến cải bề mặt trái đất cho âm mưu thực dân của người hành tinh. Bước cuối cùng của một kế hoạch như thế sẽ là loại bỏ trở ngại cuối cùng: nhân loại. Và nếu lịch sử là bất kỳ một chỉ dấu nào thì cuộc tấn công tối hậu có thể bắt đầu bất kỳ ở đâu, bất kỳ lúc nào, và dưới bất kỳ hình thức nào.

2.6 Mưa máu: Kerala State, Ấn Độ

Đó là ngày 25/7/2001. Sinh hoạt hằng ngày bị gián đoạn bởi một biến cố lạ lùng diễn tiến giống như một chương trong Kinh *Revelation*. Một trận mưa đỏ như máu bắt đầu trút xuống từ trời. Dân địa phương hoảng hốt. Họ tin đó là dấu hiệu đầu tiên của *Kali Yuga* - tức tận thế theo mô tả trong Kinh *Hindu*. Ngay sau đó những người thuộc các tín ngưỡng khác cũng cảm thấy nỗi sợ hãi tận thế tương tự. Trận hồng thủy máu tiếp tục trong hai tháng, khiến các khoa học gia cũng như dân chúng hoang mang. Những người ở gần đó bị bệnh. Họ ói mửa, nghĩ mình bị ngộ độc. Một số người cho đó là máu từ những đàn dơi bị sét đánh tan xác. Những người khác cho đó là hậu quả của tảo biển đột nhập vào chu kỳ mưa nhiệt đới.

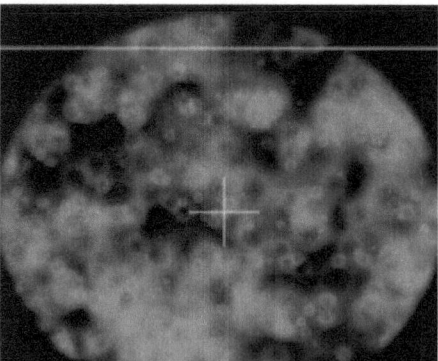

Khi đưa mẫu thí nghiệm vào một kính hiển vi, người ta tìm thấy nước mưa có chứa những đơn tử trông rất giống những tế bào hồng cầu của con người. Nếu ý tưởng cho rằng người hành tinh đang cố quét sạch chúng ta là vô lý, thì hãy nhìn những gì mà chúng ta đã làm cho chính chúng ta trong 100 năm, 200 năm, hay thậm chí hàng ngàn năm nay.

Nhưng bất chấp nhiều năm nghiên cứu, khoa học vẫn mù tịt không biết gì về thành phần của những đơn tử màu đỏ đó. Điều ngạc nhiên lớn nhất về trường hợp mưa máu là: khi phân tích nó, họ tìm thấy chất hữu cơ (organic material) bên trong những đơn tử vốn không có trên trái đất, và thành phần của những đơn tử hãy còn chưa rõ, khiến nhiều chuyên gia tin chúng là ngoài hành tinh trong bản chất. Ngay cả đến nay, nguồn gốc của chúng hãy còn là một bí ẩn. Đối với một chủng loại người hành tinh, chẳng có gì khó khăn trong việc gởi một loại vi khuẩn sinh học hay vi khuẩn đặc chế nào đó đến trái đất mà không cần đặt chân đến trái đất.

Theo Bill Birnes (hình trên), hiện tượng nầy có mọi thứ hàm ngụ kinh thánh, vì Sông Nile trở thành màu đỏ, như một trong mười bệnh dịch của Ai Cập, nhưng ở Ấn Độ hiện đại, nguyên nhân nào đã đưa đến mưa máu? Phải chăng đó là một loại hình thức sống? Phải chăng đó là một sinh vật trong mưa? Các khoa học gia thực sự đã lấy một mẫu nước từ mưa máu. Khi họ phân tích những gì hiện diện trong nước đó, họ tìm thấy những chất giống như *protein*, nhưng không xảy ra một cách tự nhiên trên trái đất. Theo định nghĩa, chúng là những *protein* từ ngoài trái đất, hay tàn dư của sự sống trong nước mưa. Nói cách khác, chúng không bắt nguồn từ hành tinh của chúng ta. Phải chăng mưa máu đó đánh dấu một cuộc xâm lăng của một chủng loại người hành tinh nào đó đối với trái đất, tìm cách gây nhiễm hành tinh chúng ta bằng vi khuẩn? Chúng ta sẽ không biết chất *protein* trong mưa máu là gì.

2.7 Vi khuẩn người hành tinh

Vào năm 2009, các khoa học gia Ấn Độ phóng một khí cầu vào thượng tầng khí quyển trái đất để thu thập những mẫu đơn tử (particle samples), nhưng khi trở về, khí cầu mang theo một loại vi khuẩn lạ (unknown bacteria) có sức đề kháng cao hơn rất nhiều đối với bức xạ cực tím (ultraviolet radiation), vượt xa sức đề kháng của bất kỳ loại vi khuẩn nào trên trái đất. Đâu là nguồn gốc của những hình thức vi sinh lạ lùng nầy trong bầu trời? Từ trái đất?

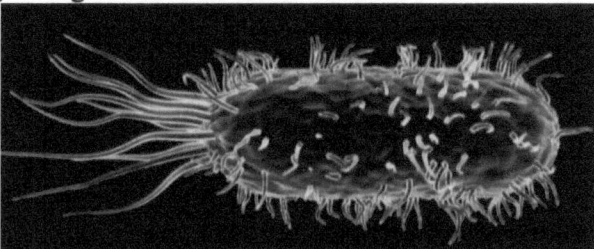

Phải chăng những vi khuẩn lạ lùng nầy đến từ ngoài không gian? Hay chúng được cài đặt trong không gian vì một mục đích bí ẩn nào đó? Câu trả lời có thể nằm ở nửa bên kia thế giới.

2.8 Cổng Đĩa Bay bí mật

Đó là ngày 8/11/2010 tại Los Angeles, California.
Vào ngày 8/11/2010, một biến cố khác đã xảy ra, gây sợ hãi sâu rộng ở Los Angeles. Một vật bay lạ đến từ ngoài biển và phóng lên không phận của thành phố. Khi quân đội được hỏi về chuyện nầy, họ không biết đó là cái gì. Họ không thể xác định được nó. Thông thường Ngũ Giác Đài có thể đưa ra một giải thích về một biến cố đĩa bay; nhưng lần nầy họ không giải thích được. Thành phố nầy là một điểm nóng nổi tiếng về đĩa bay, nhưng vật bay nầy là một cái gì mới mẻ.
Theo John Greenewald Jr., vào ngày 8/11/2010, một vật bay bí ẩn xuất hiện lên từ Thái Bình Dương ngoài khơi bờ biển California và có vẻ như phóng lên không gian. Không một ai có thể xác định vật bay đó là gì. Và khi quân đội được hỏi về vấn đề nầy, họ cũng chẳng biết gì.
Đĩa bay đó biến mất trong bầu trời, và không hề có tiếng nổ nào xảy ra trên mặt đất. Các chuyên gia rất lúng túng. Nhưng đó không phải là lần đầu tiên loại vật bay như thế xuất hiện từ dưới nước ngoài khơi Los Angles.
Theo nhận xét của Bill Birnes, như thế bạn nên nhớ rằng luôn luôn có một mâu thuẫn giữa những gì mà quân đội nói với bạn là họ biết và những gì mà quân đội thực sự biết. Do đó, chúng ta phải hiểu một điều: quân đội nói rằng họ không biết

gì cả, nhưng các nhân chứng dứt khoát đã nhìn thấy một phi đạn được phóng ra từ Thái Bình Dương.

Nhưng những hình ảnh do các cư dân Los Angeles thu được cho thấy một bí mật sâu xa hơn nhiều. Nguồn gốc vật lạ nằm trong vùng tam giác chứng tỏ nó được phóng thẳng từ trung tâm Tam Giác Quỷ (Devil's Triangle) của Los Angeles.

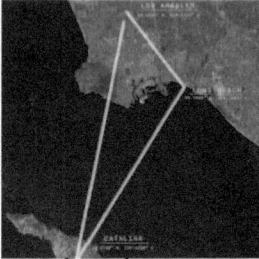

Nhiều người tin rằng nguồn gốc của nó chính là một cổng đĩa bay (*UFO* Portal) ngoài khơi Los Angeles.

Điều ly kỳ là hiện tượng đó hàm ngụ có một căn cứ dưới Thái Bình Dương hay tại Vịnh Santa Monica Bay, hay tại Redondo Trench ngoài khơi California. Điều đó có những hàm ngụ nghiêm trọng, vì khi người ta nói, "Làm thế nào những đĩa bay lui tới từ ngoài không gian?" Câu trả lời là: Họ không lui tới gì cả. Họ ở ngay đây tại Los Angeles.

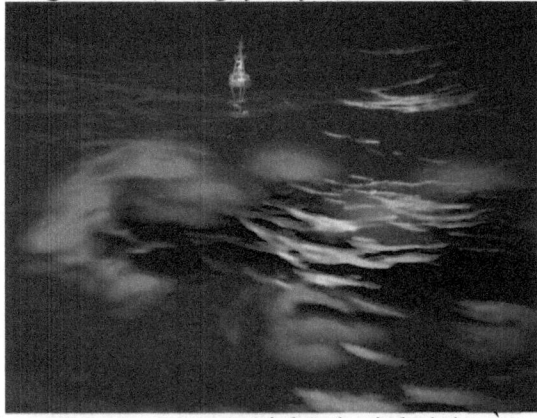

Có thể nào một căn cứ người hành tinh lại nằm dưới biển ngay bên ngoài Los Angeles? Nếu thế thì tại sao nó không bao giờ được tìm thấy? Có thể nào cổng đĩa bay nầy là bằng chứng của một thành phố người hành tinh ngay ngoài khơi

Chương II: Hậu Quả Sinh Thái

Los Angeles, một thành phố được khám phá chỉ mới gần đây thôi?

Khám phá khoa học cho thấy có thể người hanh tinh không chỉ ẩn náu dưới đại dương của chúng ta mà cả bên trong trái đất. Người hành tinh có thể đã thường xuyên hiện diện trong chúng ta. Có thể, thay vì đến từ trên trời, họ chỉ cần ra khỏi bờ biển California.

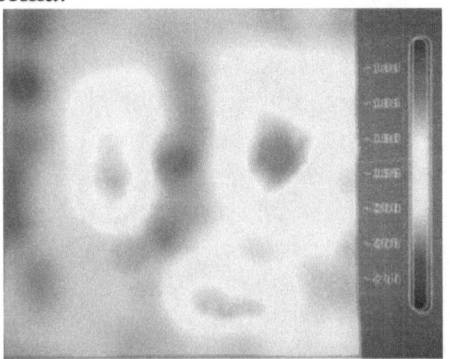

Vào năm 2010, các khoa học gia đã phát hiện hình ảnh nhiệt học (thermal image) bên trên liên quan đến những kiến trúc được khám phá trên sàn đại dương ngoài khơi Los Angeles. Đó là một bức hình của những kiến trúc tựa như những vòm lâu đài, và toàn bộ khu vực có khích thước của một sân *football*. Có thể nào đây là một phần của một thành phố người hành tinh dưới biển?

Hình ảnh đó chính xác cho thấy họ cần những gì - một kiến trúc đủ lớn để chứa một căn cứ hay thậm chí một thành phố. Los Angeles luôn luôn được biết đến như là một thiên đường của biển cả; nhưng trong tương lai, nó có thể được biết đến như là nơi mà chúng ta đã khám phá những người hành tinh ngay dưới đại dương của chúng ta.

2.9 Một phiên bản khác

Dường như biến cố ngày 8/11/2010 được trình bày trong mục *[3.3]* bên trên có một phiên bản khác của Peter Navarro và Greg Autry trong tác phẩm nổi tiếng *Death By China* được xuất bản và phát hành trước đây. Hai tác giả nầy giả đoán vật bay được phóng lên không phận Los Angeles vào ngày 8/11/2010 là một hỏa tiễn thí nghiệm của Trung Quốc được thực hiện từ ngoài khơi Los Angeles và nhắm thẳng vào Hoa Kỳ. Thực hư không rõ, chúng tôi chỉ chuyển ngữ nội dung liên quan trong chương VIII của tác phẩm nói trên.

"Những tàu ngầm mới hơn của TQ thuộc loại yuan-class hi vọng còn im lặng hơn thế và có thể hoạt động hoàn toàn dưới nước trong những khoảng thời gian dài hơn nhiều nhờ vào một hệ thống "động cơ không cần không khí" - xin đọc: để đe dọa nhiều hơn hàng hải Tây Phương ở Tây Thái Bình Dương và những eo biển quan yếu ở Malacca, vốn là chốt chặn chủ yếu đối với việc vận chuyển dầu khí đến Nhật, Nam Hàn và Đài Loan. Hơn nữa, để bảo đảm khả năng đưa lực lượng chiến đấu đi xa, TQ đã chế tạo một số tàu ngầm mang hỏa tiễn loại 094 Jin-Class nhằm tiến đến tận duyên hải California và bắn hỏa tiễn xa đến tận Savannah, Missouri, hay Savannah, Georgia.

Thực thể, có ít nhất vài bằng chứng cho thấy rằng TQ có thể đã và đang thực tập Trận Chiến Tối Hậu ngoài khơi duyên hải California. Thomas McInerney, một Thiếu Tướng Không Quân Hoa Kỳ hồi hưu, khẳng định rằng Hải Quan TQ đã thực sự tiến hành một cuộc phóng thử như thế ngoài khơi Los Angeles vào tháng 11/2010 - ngay hôm trước ngày khai mạc Hội Nghị Thượng Đỉnh G-20. Tướng McInerney giận dữ đã đưa ra những lời gắt gao nầy với Ngũ Giác Đài:

Chúng ta nên có một câu trả lời dứt khoát từ Washington. Đây không phải là một máy bay, căn cứ trên dải khói và đặc tính của dải khói mà người ta thấy... Đây là một hỏa tiễn, được phóng đi từ một tàu ngầm. Bạn có thể thấy lúc đầu nó

Chương II: Hậu Quả Sinh Thái

được điều chỉnh và sau đó nó đi theo một hướng trình rất điều hòa, nghĩa là có hệ thống hướng dẫn.

Trong khi Ngũ Giác Đài nhanh chóng và quyết liệt phủ nhận sự dính dáng của TQ, họ vẫn không thể nêu đích danh chiếc máy bay nào mà họ nói đã tạo ra dải khói. Nhưng câu chuyện thật sự ở đây là các chuyên gia quân sự thậm chí còn khả nghi có thể một hỏa tiễn được phóng đi từ thành phố Los Angeles. Một nghi ngờ như thế có thể sẽ cho thấy rằng việc đầu tư của TQ vào những vũ khí chiến lược tấn công đang gia tăng nhanh chóng."

2.10 Topanga Canyon, Los Angeles

Đó là ngày 14/7/ 1992 tại Topanga Canyon, Los Angeles County.

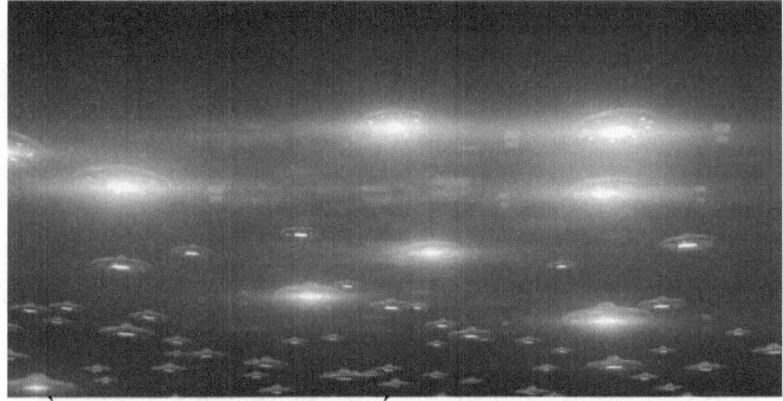

Nhiều nhân chúng đã nhìn thấy một hiện tượng mà họ mô tả như là một phi đội đĩa bay phóng lên từ Thái Bình Dương và biến mất trong bầu trời. Đó là lần đầu tiên một cái gì giống như vật bay đó đã xảy ra trong khu vực nầy, và là lần đầu tiên một phi đội đĩa bay tiềm thủy đỉnh được nhìn thấy và ghi chép lại.

Phải chăng người hành tinh đang phóng những vũ khí sinh học được thiết kế để trút xuống nhân loại từ những căn cứ dưới đáy biển? Và nếu thế thì mục tiêu tối hậu của họ là gì?

2.11 Những câu hỏi

Bằng chứng gần đây cho thấy một âm mưu khả hữu của người hành tinh nhằm thay đổi môi trường của trái đất để chuẩn bị cho kế hoạch thực dân của người hành tinh. Nhưng việc thao túng thế giới của chúng ta không thể dừng lại ở vấn đề môi trường.

Các chuyên gia về đĩa bay ước tính 4 phần trăm dân số thế giới - tức gần 280 triệu người đã bị người hành tinh bắt cóc. Nhưng đâu là mục tiêu phía sau chiến dịch khủng bố nầy? Câu trả lời có thể đang chạy khắp các động mạch của chúng ta.

Theo Steve Murillo, những người bị bắt cóc báo cáo rằng họ thường bị đưa đến một loại phòng tẩy rửa (cleansing room), ở đó họ cảm thấy như đang kinh qua một loại tẩy rửa bằng tia cực tím. Như thế, dường như người hành tinh đang tự bảo vệ chính họ. Câu hỏi là: liệu người trái đất có mang về những mầm bệnh từ những cuộc tiếp xúc với người hành tinh hay không?

Liệu những vụ bắt cóc lớn lao nầy có một liên quan với những thay đổi trong môi trường của chúng ta hay không? Phải chăng người hành tinh đang gieo mầm bệnh cho các nạn nhân bắt cóc của họ, chờ đợi những điều kiện tối ưu để ra tay?

Cũng theo Murillo, nếu người hành tinh thực sự muốn quét sạch chúng ta, thì có lẽ họ thừa khả năng làm thế. Thế thì tại sao họ lại làm những chuyện như thế? Nếu người hành tinh gieo những mầm bệnh trong nhân loại, thì có thể đó là một cách để lành mạnh hóa đàn cừu.

Nếu người hành tinh chỉ chuẩn bị một phần nhỏ nào đó của nhân loại để họ tồn tại trong một trái đất tương lai của người hành tinh, thì chức năng của chúng ta trong xã hội mới đó của người hành tinh sẽ là gì? Liệu chúng ta sẽ là những người bình đẳng hay những nô lệ?

CHƯƠNG III

Người Hành Tinh

Và Nhân Loại

Primary reference:
** Unsealed: Alien Files, American Television Series, Season 2, Episode 13. - Mary Carole McDonnell

(Phần lớn nội dung của chương nầy có thật. Có thể một số nội dung trong chương nầy đã được trình bày trong một chương trước đây hay một tập trước đây, nếu có phần nào được lặp lại ở chương nầy thì chỉ để bổ sung cho nội dung mới.)

"*Một nỗ lực toàn cầu đã bắt đầu. Những hồ sơ bị bưng bít với công chúng từ nhiều thập niên, với nhiều chi tiết về đĩa bay, hiện đang được phơi bày cho mọi người. Chúng tôi sẽ phơi bày sự thật phía sau những tài liệu mật nầy. Hãy tìm hiểu xem những gì mà chính phủ Hoa Kỳ không muốn cho bạn biết. Unsealed: Alien Files sẽ phơi bày những bí mật lớn nhất trên Trái Đất.*"
- Mary Carole McDonnell

** *Unsealed: Alien Files* là một bộ phim truyền kỳ Mỹ được trình chiếu lần đầu vào năm 2011 ở Hoa Kỳ. Bộ phim nầy điều tra về những tài liệu liên quan đến các trường hợp nhìn thấy và đối tác với *UFO* (unidentified flying object) - vật bay lạ hay đĩa bay - được công khai với dân chúng vào năm 2011 dựa theo Đạo Luật *Freedom of Information Act*. Mỗi kỳ (episode) của bộ phim nầy xem xét những trường hợp *UFO* được nhìn thấy, những trường hợp bị người hành tinh bắt cóc, âm mưu bưng bít của chính phủ và tin tức *UFO* khắp thế giới.

1. Tổng Quát

Nếu nhìn từ không gian, trái đất có vẻ như một thế giới vô biên được đô hộ bởi một chủng loại thông minh duy nhất. Nhưng bề ngoài thường dối gạt. Từ khởi thủy, nhân loại đã bị xâu xé bởi những xung đột quốc tế và những trò biểu dương sức mạnh đại quy mô.

Theo John Greenewald Jr. (hình trên), thẳng thắn mà nói, nhân loại đã thực hiện một số quyết định rất ngu xuẩn, và khi kỹ thuật của chúng ta tiến bộ, chúng ta lại có một số người sẵn sàng bấm nút để phóng đi những vũ khí nguyên tử. Và những gì sẽ xảy ra? Bạn sẽ có một hỏa ngục nguyên tử.

Liệu một đe dọa từ người hành tinh có thể buộc con người phải thành lập một mặt trận thống nhất? Chương nầy sẽ mở ra một số góc nhìn liên quan đến khả thể và viễn tượng của cái mệnh danh là mặt trận thống nhất đó, và thử xem đó có phải là cơ may duy nhất để nhân loại sống sót một cuộc xâm lăng của người hành tinh hay, cuối cùng, chỉ đưa đến một chính phủ toàn cầu và toàn trị dưới quyền cai trị của một thế lực tài phiệt quốc tế, nghĩa là tập đoàn Do Thái quốc tế, thông qua cái mệnh danh là Trật Tự Thế Giới Mới do Do Thái điều khiển.

2. Nội dung chính

2.1 Thiên Thạch DA14

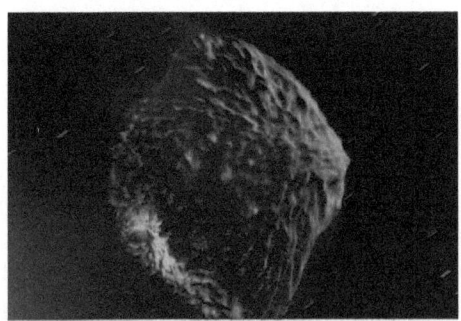

Đó là ngày 15/2/2013.
Thiên thạch *DA14* bay qua trái đất và bay bên trong cự ly 17,000 miles, gần hơn bất kỳ một vật bay nào được ghi nhận trong lịch sử. Thiên thạch nầy có đường kính 100 *feet* và bao gồm 40,000 tấn đá rắn không gian. Sức công phá của nó, nếu xảy ra, có thể mạnh gần 200 lần so với quả bom nguyên tử đã san bằng Hiroshima.

Sức tàn phá sẽ là đại họa. Hơn 100 triệu vật bay cùng kích thước đang trôi trong vùng phụ cận của trái đất. Vì đối mặt với những khả thể tàn phá như thế, Liên Hiệp Quốc đã thành lập một ủy ban đặc trách về việc xử dụng vùng không gian ngoại vi (outer space) cho các mục tiêu hòa bình. Ủy ban nầy bắt đầu hoạch định cho những trường hợp khẩn cấp gây ra bởi sự công phá của các thiên thạch hay những vật bay khác từ không gian.

Sự hợp tác để đối phó với tai họa là một chuyện, nhưng liệu nhân loại có thể vượt lên khỏi những bất đồng của họ khi đối diện với sự tấn công của người hành tinh hay không? Và nếu thế, ai sẽ đứng ra nói chuyện thay mặt toàn thể nhân loại?

2.2 Đại Sứ Trái Đất đầu tiên

Đó là tháng 9/2010.
Có nhiều tin đồn khắp các cơ quan truyền thông, theo đó, Liên Hiệp Quốc chuẩn bị bổ nhiệm đại sứ trái đất đầu tiên trong lịch sử. Mazlan Othman, một vật lý gia không gian người Malaysia, sẽ là điểm tiếp xúc đầu tiên cho nhân loại và người hành tinh. Othman được trích lời như sau:

We should have in place a coordinated response. The United Nations are a ready-made mechanism for such coordination. (Chúng ta nên thiết lập một đáp ứng có điều hợp. Liên Hiệp Quốc là một then máy mặc nhiên cho một điều hợp như thế.)

Tuy nhiên, một ngày trước khi đưa ra thông báo đó, Othman đột ngột phủ nhận bà sẽ là đại sứ đầu tiên với người hành tinh. Liên Hiệp Quốc không bình luận. Phải chăng đó là một vụ bưng bít? Phải chăng việc bổ nhiệm Othman đã gặp sự chống đối của những cường quốc đang tìm cách kiểm soát việc tiếp xúc với người hành tinh?

Tuy nhiên, đây không phải là sự bất đồng quốc tế đầu tiên liên quan để sự hiện hữu của người hành tinh.

2.3 Chiến Tranh Lạnh

Đó là năm 1945.

Liên Hiệp Quốc ra đời từ những đống tro tàn của Đệ Nhị Thế Chiến. Sự hiện hữu của cơ quan quốc tế nầy được giả định có mục đích thăng tiến hòa bình và an ninh toàn cầu đồng thời ngăn ngừa một thế chiến khác. Hy vọng giả định nầy đã chết yểu, vì một xung đột phá hoại hơn đang bắt đầu gần như tức thời... Chiến Tranh Lạnh. Liên Xô và Hoa Kỳ theo dõi sát nút những triển khai quân sự của nhau. Cuộc xung đột trong thế bí nầy cho thấy sự hiện hữu đáng sợ của một mối đe dọa mới, không phải của con người, đối với cả hai quốc gia và toàn thể nhân loại.

2.4 The Kapustin Yar Incident

Đó là ngày 16/6/1948, tại Kapustin Yar, Liên Xô.

Một phi cơ thí nghiệm đang bay thử bỗng nhiên phi công nhìn thấy một con tàu kỳ lạ. *Radar* cũng phát hiện vật bay lạ đó và ra lệnh cho phi công buộc nó hạ xuống, hoặc bằng mệnh lệnh hoặc bằng vũ khí.

Một tài liệu của Ủy Ban Quốc Gia Điều Tra về Hiện Tượng Không Gian (*NICAP* - National Investigations Committee on Aerial Phenomena) cho biết, "*một vật bay hình quả chuối hay dưa leo với những tia sáng được phát hiện trên radar khi nó bay xuống qua đường bay của phi cơ thí nghiệm của Nga.*"

Vì không nhận được đáp ứng nào đối với yêu cầu xin đáp của ông, viên phi công chuẩn bị khai hỏa. Một tia sáng phát ra từ chiếc đĩa bay, vô hiệu hóa phi cơ và làm chóa mắt phi công. Khi ông thấy trở lại được thì vật bay đã biến mất. Ông đáp chiếc phi cơ bị vô hiệu hóa xuống nơi an toàn. chiếc phi cơ được xem xét, và mặc dù mất điện, chiếc phi cơ không bị hư hại gì cả. Chính phủ Nga lập tức bưng bít sự việc. Trường hợp Kapustin Yar được giữ bí mật trong nhiều thập niên. Bất chấp thỏa ước giữa tất cả các thành viên của Liên Hiệp Quốc về việc chia xẻ thông tin liên quan đến những đe dọa đối với an ninh quốc tế, bằng chứng về sự hiện hữu của người hành tinh vẫn còn bị bưng bít.

Liên Hiệp Quốc được giả định biểu tượng cho định chế gần gũi nhất mà nhân loại chưa từng thấy đối với sự thống nhất toàn cầu. Nhưng tổ chức nầy được thành lập để cứu nguy người trái đất khỏi chính người trái đất, hay cứu nguy người trái đất khỏi mối đe dọa của người hành tinh?

2.5 Minh Ước Bắc Đại Tây Dương

Bốn năm sau ngày thành lập Liên Hiệp Quốc, một lực lượng nhỏ hơn, có mục tiêu chiến đấu rõ nét hơn đã được thành lập: Minh Ước Bắc Đại Tây Dương (NATO - North Atlantic Treaty Organization). Tổ chức nầy liên kết quân đội của 14 quốc gia. Chính sách của NATO tuyên bố, "một cuộc tấn công vào một thành viên của NATO là một cuộc công vào tất cả."

Liệu tổ chức nầy được thành lập đúng lúc hay không?

Vào năm 1952, NATO phát động một loạt tập trận và chiến trường được thiết kế để mô phỏng một cuộc tấn công của các lực lượng Liên Xô. Nhưng những gì họ kinh qua không phải là mô phỏng. Cuộc hành quân *Mainbrace* bắt đầu vào ngày 13/9/1952. Vào buổi chiều đầu tiên, hàng trăm binh sỹ trên chiếc ngư lôi hạm Willemoes của Đan Mạch quan sát thấy một vật bay sáng chói hình tam giác bay bên trên con tàu. Vật bay đột nhiên tăng tốc vào màn đêm. Quân đội ước tính vật bay đã bay với vận tốc 900 miles/giờ, nhanh hơn bất kỳ một phi cơ nào của thời đó.

Bất chấp nhiều nhân chứng, không có một thừa nhận chính thức nào về biến cố nói trên. Nhưng những biến cố kinh ngạc như biến cố được hàng trăm người chứng kiến từ sân tàu của chiếc phóng ngư lôi Đan Mạch mới chỉ là khởi đầu.

2.6 Vụ chứng kiến đĩa bay ở Topcliffe

Đó là ngày 19/9/1952, tại Căn Cứ Topcliffe ở Yorkshire, Anh.

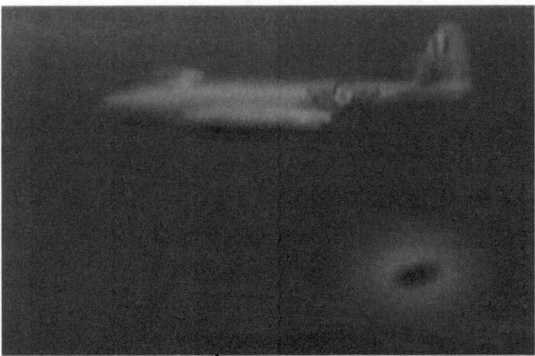

Sáu ngày sau vụ chứng kiến đĩa bay trên tàu Willemoes, một phi công Anh thuộc Căn Cứ Không Quân *RAF* đang bay trở về gần đến căn cứ sau một phi vụ huấn luyện trong khi hàng chục nhân chứng kinh hãi nhìn thấy một đĩa bay màu bạc khổng lồ xuất hiện, có vẻ như đang đuổi theo chiếc phi cơ.

Những nhân chứng quân sự và dân chính báo cáo rằng chiếc đĩa bay đã cho thấy khả năng thao tác lạ thường một cách khó tin, nhẹ nhàng bay lượn phía sau và bên dưới chiếc chiến đấu cơ. Các nhân chứng quân đội vô cùng kinh ngạc. Không một phi cơ hiện hữu nào có thể thực hiện được những loại thao tác như thế.

Biến cố đó đã báo động quân đội và Nghị Viện Anh. Những khả năng kỹ thuật của các đĩa bay gợi lên những đe dọa tiềm năng cần được quan tâm nghiêm chỉnh.

Theo Steve Murillo (hình trên), nhiều phi công báo cáo đã nhìn thấy những vật bay kỳ lạ đâm xuống và những quả cầu sáng đuổi theo họ, lao xuống với họ, phóng lên với họ, và đuổi theo họ trở lại căn cứ.

Nhưng những vụ đĩa bay xuất hiện một cách bí ẩn cũng cho thấy rõ một dấu hiệu về sự chia rẽ chính trị giữa những siêu cường thế giới. Cả đôi bên của Cuộc Chiến Tranh Lạnh đều dấn thân vào một cuộc chạy đua vũ trang giết người, tích lũy những kho vũ khí nguyên tử. Thế giới lơ lửng một cách nguy hiểm trên bờ vực của tương sát. Các phản lực cơ đã cất cánh nhiều lần để đối phó với những gì được tin là lực lượng của Nga đang mở một cuộc không kích lên những mục tiêu của NATO. Một số trường hợp va chạm được báo cáo không dính líu đến lực lượng thù địch, mà chính là những đĩa bay.

Đã bao lần thế giới bị đặt bên bờ vực của đại họa nguyên tử? Và tình trạng đó được phép tiếp tục đến bao giờ? Câu trả lời có thể nằm trong một báo cáo tối mật của NATO.

2.7 Tài liệu "The Assessment"

Đó là năm 1963 tại tổng hành dinh Minh Ước Bắc Đại Tây Dương.

Thiếu Tá Robert O. Dean phát hiện một loạt những hồ sơ bí ẩn gồm hơn 500 tài liệu mang tựa đề *"The Assessment."* Tài liệu cho biết,

Our planet and the human race has been studied by several different extraterrestrial civilizations. Four of these races have been identified visually.

(Hành tinh của chúng ta và nhân loại được một số nền văn minh khác nhau của người hành tinh nghiên cứu. Bốn trong số những chủng loại người hành tinh nầy đã được xác định bằng mắt.)

Tựa đề của tài liệu rất đơn giản, nhưng nội dung của nó thì không đơn giản chút nào. Robert O. Dean thấy rõ *"The Assessment"* chính là kế hoạch của trái đất nhằm đối phó với sự xâm lăng của người hành tinh. Theo Robert O. Dean, những tiết lộ của tài liệu *The Assessment* rất đáng kinh ngạc nên chỉ có 12 bản sao được in ra. Tài liệu nầy mô tả chi tiết một loạt những trường hợp chạm trán đang leo thang giữa người trái đất và người hành tinh, báo cáo rằng một chương trình được điều hợp cẩn thận dưới một dạng nào đó dường như đang được tiến hành. Chương trình nầy bắt đầu với những vụ bay qua, rồi đáp xuống, và cuối cùng là tiếp xúc. Phải chăng đó là nghị trình của người hành tinh liên quan đến những cuộc tiếp xúc trong hòa bình, hay chuẩn bị cho một cuộc xâm lăng trái đất?

Những trang kinh hãi nhất của tài liệu *The Assessment* cho biết chi tiết về một báo cáo liên quan đến một trường hợp chạm trán của NATO từ năm 1961. Theo bản báo cáo, những trạm *radar* của lực lượng Đồng Minh đã phát hiện nhiều con tàu trên không phận Âu Châu ở cao độ 100,000 *feet*, tiếp cận từ hướng Liên Xô. Nhưng NATO không hề hay biết rằng Nga cũng phát hiện một lực lượng tương tự đã tiếp cận không phận của Nga chín phút sau đó, khiến khởi động một quyết định khó có thể tưởng tượng: khởi lệnh tấn công nguyên tử đại quy mô. Chuỗi lệnh phản công bắt đầu, nhưng đột nhiên, màn hình *radar* sạch trở lại. Những phi công đang thi hành nhiệm vụ báo cáo những phi đội được phát hiện không phải là những lực lượng Đồng Minh, mà chính là những đĩa bay. Viễn ảnh tận diệt chỉ trong đường tơ kẻ tóc.

2.8 Nghị Quyết 33-426 của Hội Đồng Bảo An LHQ

NATO chính thức phủ nhận sự hiện hữu của tài liệu *The Assessment*. Phải mất nhiều năm trước khi một người nào đó cuối cùng ra mặt. Bất chấp những liên kết nhằm bảo vệ an ninh cho nhân loại, công chúng vẫn bị bưng bít về những biến cố liên quan đến an ninh của mọi người trên trái đất. Nhưng có một người cuối cùng bắt buộc vấn đề phải được đưa ra ánh sáng. Vào năm 1978, Eric Gairy, Tổng Thống của Grenada (hình trên), đưa vấn đề đĩa bay ra trước Liên Hiệp Quốc. Ông đề nghị thành lập một bộ của LHQ để đảm trách, phối hợp, và phân tách những kết quả nghiên cứu về đĩa bay.

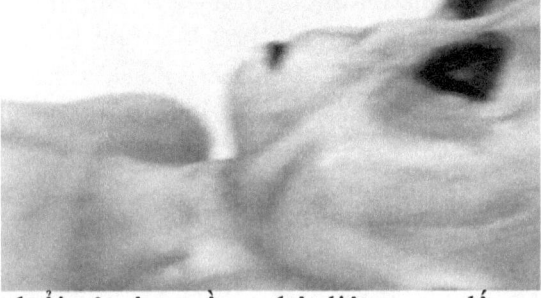

Việc theo đuổi của ông về sự thật liên quan đến sự hiện hữu của người hành tinh bắt nguồn từ một kinh nghiệm cá nhân của chính ông. Tổng Thống Eric Gairy đã chứng kiến một tử thi lạ thường trên một bờ biển của Grenada bên ngoài một làng đánh cá nhỏ. Tử thi có hình người nhưng chắc chắn không phải người. Tử thi có chiều cao hơn 7 feet và có đến 6 ngón tay trên mỗi bàn tay.

Tổng Thống Gairy vận động hành lang tại LHQ trong hai năm, đưa ra những tài liệu và nhân chứng như cựu phi hành gia Gordon Cooper của NASA. Anh Quốc cố ngăn chặn dự thảo về đĩa bay của Gairy tại LHQ. Họ cố che đậy những gì? Hay phải chăng họ làm thế theo yêu cầu của đối tác quân sự lớn nhất của họ là Hoa Kỳ?

Nhiều tài liệu cho thấy cả Bộ Quốc Phòng Anh lẫn chính phủ Hoa Kỳ có một thỏa thuận nhằm che đậy đề tài đĩa bay. Nhưng mọi nỗ lực nhằm ngăn chặn đề nghị của Gairy đều thất bại, và với một đa số phiếu chưa từng thấy, LHQ cuối cùng nghe theo đề nghị của Gairy.

The General Assembly has taken note of the draft resolution submitted by Grenada at the thirty-third session of the General Assembly regarding unidentified flying objects and related phenomena.

(Hội Đồng Bảo An LHQ đã ghi nhận bản dự thảo do Grenada đệ trình tại phiên họp thứ 33 của Hội Đồng Bảo An liên quan đến những vật bay lạ và những hiện tượng liên quan.)

Nhưng khi LHQ sắp sửa thông qua dự thảo lịch sử về đĩa bay của Tổng Thống Gairy, chính phủ của ông bị quân đội đảo chánh. Phải chăng chính phủ của ông bị lật đổ để ngăn chặn một công trình nghiên cứu về sự hiện hữu của người hành tinh?

2.9 Âm mưu bưng bít quốc tế

Nhiều chuyên viên về đĩa bay tin rằng những thỏa ước giữa người trái đất và người hành tinh đã được ký kết, được sắp xếp bởi một vài cường quốc đang tìm cách kiểm soát nhân loại. Có thể nào như thế chăng? Phải chăng sự hiện diện của người hành tinh là có thực? Và phải chăng con người được xem như quá man khai nên không thể công khai tiếp xúc?

Theo Tom Durant (hình trên), có quá nhiều bằng chứng cho thấy thế giới của chúng là đang suy hoại. Chúng ta đang chứng kiến những biểu mẫu thời tiết lạ lùng, những hiện tượng lệch cực (polar shifts). Rõ ràng chúng ta chỉ còn một bước trước khi đi đến tận diệt. Những chủng loại người hành tinh có thể đang ở đây để cứu chúng ta hay để sát hại chúng ta? Bao lâu còn ở trong bóng tối, chúng ta còn nằm dưới quyền sinh sát của họ.

Nhiều chính phủ trên thế giới đã ý thức được sự kiện nầy và đang thực hiện những bước nhằm đưa vấn đề người hành tinh ra ánh sáng. Từ năm 2000, gần 30 quốc gia đã giải mật những thông tin về hoạt động của các đĩa bay (hình trên).

Theo Nick Pope (hình trên), Nguyên Bộ Trưởng Quốc Phòng Anh, có nhiều lý do chính phủ Anh quyết định giải tỏa những hồ sơ nầy. Một trong những lý do đó là Bộ Quốc Phòng Anh nhận được nhiều yêu cầu về thông tin đĩa bay và quyền Tự Do Thông Tin hơn bất kỳ một đề tài nào khác. Lý do khác là, vào năm 2007, chính phủ Pháp đã giải mật những hồ sơ đĩa bay của họ. Khi chính phủ nói rằng họ đang giải tỏa thông tin về đĩa bay thì người ta nên ngồi dậy và lưu ý. Nếu chỉ cần một trong những trường hợp chứng kiến đĩa bay nầy hóa ra là có thực, thì thế giới của chúng ta sẽ thay đổi vĩnh viễn.

2.10 Tranh chấp vô biên

Thời điểm phải tiết lộ đầy đủ sự hiện hữu của người hành tinh trên trái đất có thể không còn xa, nhưng những tranh chấp vô tận khắp thế giới cho thấy rằng sự thống nhất thế giới không có vẻ là một ưu tiên đối với mọi chính phủ của các quốc gia. Mối hoài nghi về Trật Tự Thế Giới Mới do tập đoàn Do Thái quốc tế điều khiển không phải là không chính đáng. Chờ đợi bằng chứng hiển nhiên về sự tiếp xúc của người hành tinh cuối cùng sẽ chấm dứt. Nhưng mọi việc đã quá trễ đối với hành tinh trái đất?

Alexei Arbatov (hình trên) là giám đốc Trung Tâm *Center for International Security* thuộc Viện Hàn Lâm Khoa Học Nga. Ông tin rằng chính sách mới của Tổng Thống Putin về nước Nga nới rộng những khả năng quân sự của quốc gia nầy bằng cách thành lập một liên minh với Trung Quốc, biến Hoa Kỳ trở thành kẻ thù số một của họ một lần nữa. Nỗi lo sợ giả định của Putin là Hoa Kỳ và những đồng minh NATO của họ sẽ xâm lăng Nga. Phải chăng đó là mối đe dọa có thực hay có một mối đe dọa lớn hơn đang hiện ra bên kia những biên thùy của hành tinh chúng ta?

Một trái đất bị chiến tranh chia cắt, làm thui chột khả năng chiến đấu và trở thành một mục tiêu dễ dàng cho các chủng loại người hành tinh đang theo dõi chúng ta trên màn hình *radar*. Chính vào lúc đó, một chủng loại người hành tinh có thể theo dõi trái đất để tìm ra những dấu hiệu yếu kém. Và một cuộc xâm lăng có thể xảy ra bất kỳ lúc nào. Làm thế nào chúng ta có thể đối phó với một biến cố như thế? Có thể câu trả lời đã được diễn tả trong một bài diễn văn nổi tiếng của Tổng Thống Ronald Reagan của Hoa Kỳ tại Liên Hiệp Quốc.

Reagan: *Trong nỗi ám ảnh của chúng ta về những mâu thuẫn của thời đại, chúng ta thường quên có bao nhiêu yếu tố giúp đoàn kết tất cả những thành viên của nhân loại. Có lẽ chúng ta cần một mối đe dọa toàn cầu từ bên ngoài để làm cho chúng ta nhận thức được mối ràng buộc chung đó. Đôi khi tôi nghĩ những bất đồng của chúng ta khắp thế giới sẽ tan biến nhanh chóng cỡ nào nếu chúng ta đối diện với một mối đe dọa từ bên ngoài thế giới nầy.*

2.11 Viễn tượng u ám

Trong số những lời kêu gọi nhân loại "đoàn kết" có một số chân thành và trung thực, nhưng phần lớn đều tượng trưng cho những âm mưu toàn cầu hóa đen tối và ngu xuẩn, nhất là xu thế toàn cầu hóa của chủ nghĩa cộng sản và Trật Tự Thế Giới Mới của chủng tộc Do Thái trời đày vô gia cư. Những thế lực rao giảng thế giới đại đồng cũng chính là những thế lực khơi ngòi và nuôi dưỡng chiến tranh khắp thế giới. Âm mưu lập quốc của Israel, chẳng hạn, đã kéo theo biết bao nhiêu tang thương cho nhân loại qua hai đại thế chiến trong khi tập đoàn Do Thái quốc tế luôn rao giảng một chính phủ toàn cầu dưới mọi chiêu bài và thủ đoạn. Thông qua vô số hội kín như *Illuminati, Bilderburg, Commission for Foreign Relations, Freemasonry*... Do Thái đã thao túng và lũng đoạn Hoa Kỳ và thế giới bằng lừa đảo, âm mưu, bóc lột, chiến tranh, kiểm soát não bộ, bạo động và khủng bố. Họ đã và đang biến những trẻ mồ côi khắp thế giới thành những đạo quân phi nghĩa bị điều kiện hóa về tinh thần từ tấm bé. Họ đã và đang dùng nợ và ngân hàng để nô lệ hóa nhân loại và để biến mọi giai cấp lãnh đạo của thế giới thành một đám bù nhìn và nô lệ trước khi biến cả trái đất thành một đàn cừu Do Thái trị.

Mối đe dọa từ người hành tinh là có thực, nhưng không cụ thể, cận kề, và rõ nét bằng mối đe dọa từ tập đoàn Do Thái quốc tế và từ hệ thống ngân hàng của đế quốc ngân hàng Rothschild. Ngày nay Do Thái đang dùng lá bài người hành tinh để hù dọa nhân loại, o ép nhân loại cúi đầu tuân thủ chủ nghĩa độc tài mềm của họ trong khi người hành tinh chính là đồng minh của Do Thái và bọn tay sai trong cả hai thế giới mệnh là tự do dân chủ lẫn thế giới toàn trị cộng sản. Nếu một trận thư hùng tối hậu xảy ra giữa người trái đất và người hành tinh, cho dù Do Thái có khả năng đương đầu với người hành tinh đi nữa thì cùng lắm họ cũng chỉ bảo vệ chủng tộc của chính họ và sẵn sàng hy sinh phần còn lại của nhân loại.

Trật Tự thế Giới Mới đó chẳng qua chỉ là sản phẩm của hội kín Do Thái mệnh danh là *The Illuminati*. Hội Kín nầy kiểm soát mọi định chế hàng đầu của thế giới, kể cả Liên Hiệp Quốc, các hệ thống ngân hàng "quốc gia" tại phần lớn các nước, những "hội nghị thượng đỉnh" như G-7, G-20. Do Thái đứng phía sau âm mưu Một Vành Đai Một Con Đường (One Belt One Road), Đường Lưỡi Bò Chín Đoạn (U-Shaped Line), và Ngân Hàng AIIB (Asia Infrastructure Investment Bank) của Trung Quốc (hình trên). Đó trên hết và trước hết là một thế lực dựng vua giết chúa khắp thế giới.

[Xin xem tiếp CHƯƠNG IV: Âm Mưu Sống Chung Hòa Bình trước Hiểm Họa Người Hành Tinh]

CHƯƠNG IV

Âm Mưu Sống Chung Hòa Bình

và Hiểm Họa Người Hành Tinh

References
http://www.rense.com/general59/sdom.htm
http://www.rense.com/general59/sdom.htm
http://www.dinhsong.net/DS/ChinhTriKinhTe.aspx?ind=86
http://www.dinhsong.net/DS/ChinhTriKinhTe.aspx?ind=82
http://www.dinhsong.net/DS/ChinhTriKinhTe.aspx?ind=81
http://www.dinhsong.net/DS/ChinhTriKinhTe.aspx?ind=75

Trước hiểm họa có thực của người hành tinh, nhân loại cũng đang đối mặt với một hiểm họa không kém hung hãn đến từ con người, cụ thể hơn, đến từ tập đoàn Do Thái quốc tế, dưới nhiều chiêu bài và hội kín khác nhau như được trình bày rõ hơn bên dưới. Một trong những âm mưu nổi trội nhất của tập đoàn nầy là chủ nghĩa toàn cầu hóa mệnh danh là Sống Chung Hòa Bình hay Trật Tự thế Giới Mới. Như Chương vừa rồi đã đề cập, Trật Tự thế Giới Mới đó chẳng qua chỉ là sản phẩm của hội kín Do Thái mệnh danh là *The Illuminati*. Hội Kín nầy kiểm soát mọi định chế hàng đầu của thế giới, kể cả Liên Hiệp Quốc, các hệ thống ngân hàng "quốc gia" tại phần lớn các nước, những "hội nghị thượng đỉnh" như G-7, G-20. Do Thái đứng phía sau âm mưu Một Vành Đai Một Con Đường (One Belt One Road), Đường Lưỡi Bò Chín Đoạn (U-Shaped Line), và Ngân Hàng AIIB (Asia Infrastructure Investment Bank) của Trung Quốc (hình trên). Đó trên hết và trước hết là một thế lực dựng vua giết chúa khắp thế giới.

1. Dòng họ Rockefeller và Rothschild

Thực tế ba tay chơi Mỹ, Nga, và Tàu không phải là những đại cường "độc lập" về mặt địa chính trị. Họ bị o ép phải "sống chung hòa bình" với nhau dưới sự chỉ đạo của một Chính Phủ Ma (Shadow Government hay One-World Government) - tức hệ thống siêu quyền lực do dòng họ Rockefeller và tập đoàn tài chánh Rothschild của Do Thái điều hành với nhiều đại bài khác nhau như:
- The Council on Foreign Relation,
- The Trilateral Commission,

Chương IV: Âm Mưu Sống Chung Hòa Bình

- The Bilderberg Club
- Illuminati
- Nhiều cơ quan được miễn thuế khác như *The Rockefeller Foundation,* trong đó những đại biểu và quản gia then chốt cùng với những quyền lợi của tập đoàn tiêu biểu cho những kế hoạch trước mắt và toàn cầu; và nghị trình được bàn thảo, cải thiện và sau đó được thi hành bởi những đám lưu manh chính trị nô bộc.

Trên thực tế, phần lớn những nhân vật chủ chốt của các hệ thống nầy đều là những chủ ngân hàng Do Thái, đứng đầu là David Rockefeller. Nhân vật nầy vừa nắm chức chủ tịch của tổ chức *Council on Foreign Relation* vừa nằm trong thành phần lãnh đạo của nhóm *Bilderberg Club* lại vừa có một tổ chức riêng mang tên *The Rockefeller Foundation,* vừa là nhà sáng lập của Ủy Ban *Trilateral Commission.* Chính Ủy Ban *The Trilateral Commission* và David Rockefeller, kẻ dựng ngôi vua ở Hoa Kỳ, đã đưa một gã vô danh là Jimmy Carter vào Tòa Bạch Ốc năm 1976. Sự nghiệp chính trị của nhiều người đã vươn lên như phép lạ sau khi tham dự buổi hội nghị *Bilderberg* đầu tiên của họ: Margaret Thatcher, Bill Clinton, and Tony Blair. Obama đã bổ nhiệm 11 thành viên của Ủy Ban *Trilateral Commission* (nghĩa là hơn 10% nội các của ông) vào những chức vụ hàng đầu và then chốt trong chính quyền của ông trong mười ngày đầu của nhiệm kỳ của ông. Giữa 1945 và 1972, khoảng 45% những viên chức ngoại giao hàng đầu phục vụ trong chính phủ Mỹ cũng là những thành viên của Hội Đồng Tài Phiệt *The Council on Foreign Relation,* khiến một trong những thành viên hàng đầu có lúc nói rằng việc gia nhập vào Hội Đồng chủ yếu là một "nghi thức thăng tiến" thành một viên chức của chính sách ngoại giao... Khoảng 42% những chức vụ ngoại giao hàng đầu trong chính quyền Truman do các thành viên của Hội Đồng Tài Phiệt nắm giữ; con số đó là 40% trong chính quyền của Eisenhower, 51% trong chính quyền của Kennedy, và 57% trong chính quyền của Johnson. Hội Đồng Tài Phiệt đã và tiếp tục có những ảnh hưởng lớn lao trong thế giới truyền thông, nhờ đó nó có thể quảng bá ý thức hệ của nó, thăng tiến những nghị trình của nó, và che đậy ảnh hưởng của nó.

Cơ Quan Tình Báo Trung Ương CIA cũng không phải là kẻ xa lạ trong hệ thống nầy, vì thường xuyên trong những thập niên đầu khi mới hình thành, những giám đốc của nó đều đến từ Hội Đồng, như Allen Dulles, John A. McCone, Richard Helms, William Colby, và George H.W. Bush." Nhóm *Bilderberg Club* cũng có "mời" những chức sắc vớ vẩn trong giới hàn lâm và khóa học để làm "bình phong" che mắt, như Fouad Ajami, Giám đốc của *Middle East Studies* thuộc Đại Học *John Hopkins University*, và Martha Farrah, Giám Đốc của Trung tâm *Center for Cognitive Neuroscience* thuộc Đại Học *University of Pennsylvania*, trong khi thành phần nồng cốt vẫn là những tay Do Thái sừng sỏ như:

- **Ben Shalom Bernanke**: Chủ tịch Ngân Hàng Dự Trữ Tư Nhân Liên Bang
- **James Wolfensohn**: Nhà tài chánh Do Thái Quốc tế. Chủ tịch công ty đầu tư *Wolfensohn & Company Investments*. Vì là một cựu Giám Đốc Ngân Hàng Thế Giới, tay Do Thái nầy có hơn 140 nhân viên và văn phòng ở Luân Đôn, Tokyo và Moscow. *Wolfensohn* cũng có một cổ phần với ngân hàng *Fuji Bank* của Nhật và *Jacob Rothschild* của Anh.
- **Robert Zoellick**: Chủ Tịch tổ hợp ngân hàng *US World Bank Group*, một chi nhánh ngụy trang của Quỹ Tiền Tệ Quốc Tế (IMF) do tập đoàn tài chánh Do Thái *Rothschild* điều hành.
- **Josef Ackermann**: Chủ Tịch của Ủy Ban Điều hành của *Deutsche Bank AG* ở Thụy Sỹ. Ackermann là một đồng lõa của tập đoàn tài chánh Do Thái Rothschild về tội phạm tài chánh.
- **Kenneth Jacobs**: Phó Giám Đốc của *Lazard Bank North America*. *Lazard Bank*, một trong những đại bài của tập đoàn

tài chánh Do Thái *Rothschild*, hoạt động trong 39 thành phố khắp Bắc Mỹ, Âu Châu, Úc, Á Châu, và Nam Mỹ.

- **David Rockefeller**: Chủ nhân của *Chase Manhattan Bank*. Cựu Chủ Tịch của Hội Đồng *Council on Foreign Relations* và là nhà sáng lập của Ủy Ban *Trilateral Commission*. Cho dù không thực sự là người Do Thái đi nữa thì Rockefeller cũng là tay sai của tập đoàn tài chánh Do Thái *Rothschild*.

2. Âm mưu bá chủ thế giới

Thuật ngữ "âm mưu" là chuyển ngữ của từ "CABAL" mà một số nhà chính trị học thường xử dụng để chỉ hệ thống siêu quyền lực nói trên. Mục tiêu của hệ thống nầy mang nhiều tên gọi khác nhau tùy theo văn mạch và hoàn cảnh: *Shadow Government, World Government, New World Order, One-government World, Hegel Synthesis* – tức là tổng hợp chủ nghĩa cộng sản với chủ nghĩa tư bản thành cái được mệnh danh là "chính phủ thế giới tập đoàn cộng sản (Corporate-communist World Government);" và chính phủ nầy cũng được gọi bằng nhiều tên khác nhau như *Globalism, Global Governance, Collectivism, Third Way*. Với trực giác thông thường, đó chính là Thế Giới Đại Đồng Cộng Sản. Điều nầy cũng dễ hiểu thôi vì thủy tổ của chủ nghĩa cộng sản là hai tay Do Thái Karl Marx và Vladimir Lenin. Nếu những mục tiêu tối hậu nầy đạt được thì tập đoàn Do Thái quốc tế, qua đại diện của nhà nước Israel, sẽ cai trị thế giới với sự phục tùng của ba đại cường Mỹ, Nga, và Trung Quốc. Những tài liệu lịch sử chứng minh âm mưu của Do Thái đã, đang, và sẽ khuynh đảo, kiểm soát và điều khiển ba đại cường nầy, bắt đầu với Hoa Kỳ, cường quốc số một từ nhiều thập niên nay qua chiêu bài sống chung hòa bình.

3. Quan hệ giữa Do Thái và Nga

Trong tài liệu "*The Rockefeller File,*" Gary Allen cho thấy rằng Liên Xô đã được giữ cho tồn tại nhiều thập niên nhờ vào những khoản tiền vay khổng lồ lãi suất nhẹ, do những người thọ thuế Hoa Kỳ tài trợ, và những khoản vay nầy được thực hiện thông qua Ngân Hàng *Export-Import Bank* ở New York do gia đình Rockefellers thành lập. Từ lâu thế giới đã bị điều khiển theo một nghị trình quốc tế nhằm tiến tới một Chính Phủ Thế Giới (World Government) với đám đầu sỏ Do Thái ở Nga và Mỹ cùng làm việc với nhau. Đó là lý do tại sao gia đình Rockefellers lại dính líu với Liên Xô. Năm 1938, Trotsky nói rằng kế hoạch *New Deal* báo hiệu sự cáo chung của chủ nghĩa tư bản ở Hoa Kỳ:

"*You will have a revolution, a terrible revolution. What course it takes will depend much on what Mr. Rockefeller tells Mr. Hague to do. Mr. Rockefeller is a symbol of the American ruling class and Mr. Hague is a symbol of its political tools.*"

(*Bạn sẽ thấy một cuộc cách mạng, một cuộc cách mạng khủng khiếp. Cuộc cách mạng đó đi về đâu thì tùy thuộc phần lớn vào những gì Mr. Rockefeller bảo Mr. Hague phải làm. Mr. Rockefeller là một biểu tượng của giai cấp cai trị của Mỹ và Mr. Hague là một biểu tượng cho những công cụ chính trị của giai cấp đó*).

Nga và Mỹ đã từng luôn luôn cấu kết với nhau ở cấp cao, và điều nầy đã không thay đổi với nước Nga hiện tại, một nước Nga đang được Giáo Hội Chính Thống Do Thái hậu thuẫn tuyệt đối, một nước Nga trong đó một số ít tay trùm Do Thái chiếm 50% những tập đoàn cả nước. Những tên trùm Do Thái này, cùng với những cơ sở tài chánh và kinh tế của chúng thường được gọi là "Big Seven": Rem Vyakhirev (Gazprom), Boris Berezovsky (Logovaz), Vladimir Gusinsky

(Most Bank), Vaghit Alekperov (Lukoil), Alexander Smolensky (Stolichnyy Bank), Mikhail Khodorkovsky (Rosprom), and Andrey Kazmin (Sberbank).

4. Quan hệ giữa Do Thái và Trung Quốc

4.1 Nguồn gốc Do Thái của chế độ Cộng Sản Mao Trạch Đông

Một khám phá mà các nhà báo và sử gia Mỹ và Tây Phương bị cấm đề cập đến liên quan đến những nguồn gốc của cuộc cách mạng Trung Cộng của Mao Trạch Đông. Thực ra, Mao là một tên nông dân ngu xuẩn và vô năng được Skull và Bonesmen huấn luyện và được những tên Do Thái xã hội chủ nghĩa từ Hoa Kỳ tiến dẫn vào một chi hội Tam Điểm Quốc Tế (Internationalist Masonic Lodge). Tiến trình nầy được thực hiện với sự cho phép ngấm ngầm của Tổng Thống Franklin D. Roosevelt, một thành viên Tam Điểm cấp 32, và sau nầy của Tổng Thống Harry S. Truman, một thành viên Tam Điểm cấp 33. Từ đó Mao đã trở thành một tên bù nhìn bị kiểm soát chặt chẽ bởi những tay cách mạng Do Thái – như Israel Epstein and Sidney Shapiro đã sống ở Trung Quốc và nắm quyền kiểm soát trên hai lãnh vực then chốt của chính phủ Bắc Kinh – tài chánh và truyền thông (tuyên truyền). Điều lý thú là, ngày nay những tay Do Thái Zionist cũng nắm trong tay hai công cụ then chốt đó trong chính phủ Mỹ – tài chánh và truyền thông. Như thế, Mao được Do Thái huấn luyện từ trong trứng nước như hình bên cạnh cho thấy. Các trùm Do Thái có mặt trong hàng ngũ lãnh đạo của Mao, nhất là trong lãnh vực thông tin và tài chánh.

Mối quan hệ nầy được thắt chặt hơn với sự ra đời của nhà nước Israel. Trong *New York Post*, 3/30/1997, Uri Dan cho biết, vào năm 1979, Thủ tướng Do Thái Menachem Begin nhận được sự chấp thuận của Mỹ cho phép Shaul Eisenberg tiến hành một hiệp thương 10 năm trị giá 10$ tỉ *dollars* để hiện đại hóa quân đội Trung Quốc. Uri Dan mô tả hiệp thương nầy như là "một trong những hiệp thương quan trọng nhất trong lịch sử Do Thái," và "Trung Quốc nhấn mạnh phải giữ bí mật tuyệt đối." Do Thái đóng vai trò chính trong việc cung ứng vũ khí cho TQ, kể cả những trang bị quân sự tối tân do Mỹ sản xuất; và vai trò nầy nhiều lần đã trở nên một vụ tai tiếng công cộng trong thập niên vừa qua.

Trong năm 1999, tờ *New York Times* phúc trình: "Do Thái từ lâu đã có một quan hệ quân sự mật thiết và bí mật với TQ. Các chuyên gia vũ khí cho biết những quan hệ nầy đã đưa đến những vụ bán vũ khí trị giá lên đến hàng tỉ *dollars* trong những năm gần đây và đã gây nên nhiều quan ngại ở Hoa Kỳ." Xin ghi nhận: tờ *New York Times* nói rằng những quan hệ giữa Do Thái và TQ là mật thiết, bí mật, và lâu dài. *Elta*, một chi nhánh của *Israeli Aircraft Industry,* đã thiết kế hệ thống *radar* tối tân *Phalcon* cho không lực TQ.

Năm 1999, Howard Phillips phúc trình: Do Thái là nguồn cung ứng vũ khí lớn thứ nhì cho TQ. Một báo cáo gần đây của Kenneth W. Allen và Eric A. McVadon thuộc Trung Tâm *Henry L. Stimson Center*, một tổ chức nghiên cứu ở Washington, cho biết Do Thái đã cung ứng cho TQ một loạt những vũ khí, kể cả những thiết bị điện tử cho xe tăng, truyền tin và trang bị quang học, phi cơ và hỏa tiễn, trong một quan hệ đã có ít nhất từ hai thập niên trước. Trong khi đó, mãi đến năm 1997 quan hệ ngoại giao chính thức mới được thiết lập. Bản báo cáo viết tiếp:
Cả TQ lẫn Do Thái đều tỏ ra hưởng lợi về quân sự và chính trị từ quan hệ mua bán vũ khí và chuyển giao kỹ thuật. Ngoài việc kiếm tiền từ TQ, một số viên chức Do Thái ngụy biện rằng việc bán vũ khí và chuyển giao kỹ thuật quân sự cho TQ

sẽ buộc TQ cam kết không bán vũ khí cho những kẻ thù của Do Thái ở Trung Đông. Như thế quan hệ bí mật về mua bán vũ khí và chuyển giao kỹ thuật quân sự đã được tiến hành từ thập niên 1970.

Những phản đối của Mỹ đối với việc Do Thái chuyển giao những hệ thống quân sự tối tân cho TQ chỉ là trống rỗng. Những phản đối giả vờ đó của một quốc gia bợ đỡ Do Thái chỉ là trò nhảm nhí, vì chính Mỹ lúc đó đã dấn thân vào cùng một quan hệ tương tự với TQ (cũng như đã từng chấp thuận những hiệp thương của Eisneberg với TQ).

4.2 Gián điệp Do Thái trao những bí mật quốc phòng Hoa Kỳ cho Trung Cộng

Quyền kiểm soát ẩn hình của Do Thái trên Đảng Cộng Sản Trung Cộng cho thấy tại sao tên gián điệp Do Thái Jonathan Pollard, bị buộc tội đánh cắp hàng ngàn tài liệu bí mật của Bộ Quốc Phòng Hoa Kỳ nơi hắn làm việc, đã trao những tài liệu nầy cho những quan thầy Do Thái của hắn là cơ quan tình báo Mossad của Israel hoạt động ở MỸ. Sau đó Do Thái đã chuyển giao thẳng những bí mật quý giá nầy cho các nhà độc tài Bắc Kinh. Pollard, một người Do Thái sinh ở Galveston, Texas, hiện nay đang bị giam tại một tòa án liên bang. Mới đây, khi Thủ Tướng Do Thái Netanyahu đến Hoa Kỳ, y đã viếng thăm Pollard trong tù và bảo đảm với tên gián điệp Do Thái phản bội ghê tởm nầy rằng chính phủ Do Thái đang làm việc trong hậu trường với Tòa Bạch Ốc của Obama để khoan hồng cho hắn. Trong khi đó, Pollard là một anh hùng dân tộc ở Israel – được vinh danh vì đã đánh cắp của Hoa Kỳ những bí mật quân sự quý báu nhất mà Do Thái đã trao cho Trung Cộng!

4.3 Hoa Kỳ đang bị Trung Cộng qua mặt

Trước mắt Mỹ và Tàu được lựa chọn là vật tế thần và vai bù nhìn để cho hệ thống *Illuminati* thực hiện tổng hợp Hegel giữa chủ nghĩa Cộng Sản và chủ nghĩa Tư Bản. Trong khi đó, Hoa Kỳ đang bị cố tình đánh gục và đàn áp. Những triết lý ngoại lai và một làn sóng vô luân đang được xử dụng để triệt tiêu trí tuệ của các dân tộc trong khi những tay đầu nậu của Wall Street tiếp tục thao túng theo kế sách lừa bịp *Ponzi* của chúng. Quỹ Dự Trữ Liên Bang (Federal Reserve), dưới quyền chỉ đạo của Ben Bernanke, một chủ ngân hàng Do Thái, đang đều đặn chuyển tải vô số hiện kim điện tử (electronic cash) sang những ngân hàng ngoại quốc ở Trung Cộng. Nhờ vào nguồn ngoại tệ nầy, cùng với hàng ngàn tỉ dollars mang về từ số lượng xăng dầu đánh cắp ở Iraq, kinh tế Trung Cộng đang phóng nước đại, vọt lên theo nhịp độ 10% gia tăng mỗi năm. Nhưng nền kinh tế què quặt của Mỹ tiếp tục chùi vào quên lãng, và sự sụp đổ kinh tế chung quyết có thể xảy ra nhanh hơn bởi tập đoàn đầu nậu bất cứ lúc nào.

Vàng sẽ không cứu được Hoa Kỳ. Ngân hàng HSBC Bank của Trung Cộng đang nắm chặt các thị trường vàng. Xăng dầu sẽ không cứu được chúng ta – những tay quan liêu môi trường của Obama đang từ chối những giấy phép khoan dầu cho các công ty xăng dầu Hoa Kỳ trong khi Trung Cộng vừa mới xây dựng 25 nhà máy lọc dầu mới và kho dự trữ của họ đang đầy ắp xăng dầu đánh cắp của Iraq.
Trung Cộng hiện nay đang có nền kinh tế lớn thứ nhì thế giới và vào khoảng năm 2020 sẽ qua mặt Hoa Kỳ để trở thành nền kinh tế lớn thứ nhất. Nhiều xe hơi sẽ bán ở Trung Cộng hơn ở Mỹ. Những công ty thép, nhôm, và đồng của Trung Cộng sẽ phát đạt. Công ty xăng dầu *PetroChina* hiện đúng hàng

thứ 5 trong số những tập đoàn xăng dầu thế giới và vào khoảng năm 2015 sẽ thay thế Exxon-Mobil ở vị trí thứ nhất thế giới. Ngân hàng *HSBC Bank China* đang vươn lên nhanh và hiện đang kiểm soát những thị trường vàng thế giới. Quân đội Trung Cộng có những hỏa tiễn hiện đại, bom nguyên tử, và tàu ngầm nguyên tử và có khả năng tác hiến toàn cầu. Mức sống của các dân tộc Trung Cộng đang tăng cao. George Soros, một tỉ phú trợ lý của tập đoàn Rothschild, cho biết, "Trung Cộng sẽ lãnh đạo Trật Tự Thế giới Mới (New World Order)." Soros cũng cảnh báo người Mỹ không nên cưỡng lại hệ thống tài chánh thế giới mới. Cái gì đang xảy ra khiến đưa đến sự vươn lên khủng khiếp của Trung Cộng và sự suy đốn của Hoa Kỳ? Phải chăng hệ thống siêu quyền lực *Illuminati* đứng phía sau kịch bản nầy? Có phải Obama là một tay Cộng Sản nằm vùng, đang hoạt động bí mật để san bằng Hoa Kỳ và nhận chìm quốc gia một thời vĩ đại của chúng ta? Phải chăng sự vĩ đại của Hoa Kỳ đang kết liễu?

4.4 Do Thái và Hoa Kỳ

Âm mưu thao túng và lũng đoạn Hoa Kỳ của Do Thái có thể tóm lược trong phát biểu sau đây của Tzipora Menache, phát ngôn nhân của Israel:

"Quý vị biết rất rõ, và những người Mỹ ngu xuẩn cũng biết rất rõ, rằng chúng ta kiểm soát chính phủ của chúng, bất luận ai ngồi trong Tòa Bạch Ốc. Như quý vị thấy, tôi biết và quý vị biết rằng không một tổng thống Mỹ nào có thể đủ tư cách thách thức chúng ta cho dù chúng ta có làm chuyện khó tin. Chúng nó - bọn Mỹ - có thể làm gì được chúng ta? Chúng ta kiểm soát quốc hội, chúng ta kiểm soát truyền thông, chúng ta kiểm soát kỹ nghệ giải trí, và chúng ta kiểm

soát mọi thứ ở Mỹ. Ở Mỹ, bạn có thể chỉ trích Thượng Đế, nhưng bạn không thể chỉ trích Do Thái..."
(You know very well, and the stupid Americans know equally well, that we control their government, irrespective of who sits in the White House. You see, I know it and you know it that no American president can be in a position to challenge us even if we do the unthinkable. What can they (Americans) do to us? We control congress, we control the media, we control show biz, and we control everything in America. In America you can criticize God, but you can't criticize Israel...)

Thực vậy, để lôi cuốn Hoa Kỳ và cuộc chiến chống các quốc gia Hồi Giáo Trung Đông, Do Thái không ngần ngại làm những "chuyện khó tin" như đội lốt Hồi để thực hiện vụ khủng bố 9/11, hay tấn công tòa báo Charlie Hebdo, ám sát tổng thống Mỹ nào không phục tùng mệnh lệnh của D Thái. Quyền lợi của Do Thái đương nhiên không phải là quyền lợi của Hoa Kỳ; và trong hầu hết các trường hợp, quyền lợi của Hoa Kỳ đều bị Do Thái hy sinh, như chính David Rockefeller đã thú nhận:

"Một số người tin rằng chúng tôi dự phần vào một âm mưu bí mật chống lại những quyền lợi tốt nhất của Hoa Kỳ, cho rằng gia đình tôi và tôi theo chủ nghĩa quốc tế và đang âm mưu cùng với những người khác trên thế giới để xây dựng một cơ cấu toàn cầu - hay một thế giới, nếu bạn muốn - về chính trị và kinh tế liên kết hơn. Nếu đó là lời cáo buộc thì tôi xin nhận tội, và tôi hãnh diện về điều đó."

(Some even believe we are part of a secret cabal working against the best interests of the United States, characterizing my family and me as 'internationalists' and of conspiring with others around the world to build a more integrated global political and economic structure - one world, if you will. If that is the charge, I stand guilty, and I am proud of it)

4.5 Do Thái kiểm soát hệ thống chính trị và kinh tế của HK

- **Tài chánh:** Quỹ Dự Trữ Liên Bang (FED) nằm trong tay chín ngân hàng tư nhân Do Thái, trong đó có Rothschilds, Goldman Sachs, và Warburgs của Hamburg.
- **Truyền thông:** Do Thái kiểm soát truyền thông: CBS của Murray Rothstein, NBC của Brian Roberts, ABC của Sydney Bass với CEO Roberts Iger, CNN của Aviv Nevo.
- **Quốc Hội:** Do Thái kiểm soát Quốc Hội thông qua những hệ thống *lobbies* quy mô đầy thế lực như AIPAC, ADL, National Jewish Democratic Council, Republican Jewish Coalition.
- **Tòa Bạch Ốc:** Do Thái kiểm soát TBO với Jacob Lew (Bộ Trưởng Tài Chánh, Penny Pritzker (Bộ Trưởng Thương Mại, Kenneth Feinberg Giám Đốc Quỹ Bồi thường), Valerie Jarrett (Cố Vấn tối cao), David Axelrod (Cố vấn đặc biệt).
- **Chính sách:** Carl Levin, chủ tịch Ủy Ban Quân Vụ Thượng Viện, và Diane Feinstein, Chủ tịch Ủy Ban tình Báo Thượng Viện. Những chức vụ quan trọng nhất trong Bộ Ngoại Giao đều nằm trong tay Do Thái. Hai tổ chức "*think tanks*" Do Thái đầy tai tiếng *American Enterprise Institute*và *the Foreign Policy Initiative* quyết định những nghị trình chiến tranh cho Quốc Hội Mỹ.
- **Tư pháp:** Ba thẩm phán Do Thái trong Tối Cao Pháp Viện: Elena Kagan, Stephen Breyer, and Ruth Bader Ginsburg.
- **An Ninh Nội Chính (Homeland Security):** Trong tay ba tổ chức Do Thái *The Chertoff Group, Anti-Defamation League, Israeli Intelligence.*
- **Quân Đội:** Quân lực HK lệ thuộc vào Quỹ Dự Trữ Liên Bang (FED) để vận hàng trong khi quỹ nầy lại nằm trong tay Do Thái. Quân lực HK lệ thuộc vào các công ty sản xuất vũ

khí trong khi những cong ty nầy lệ thuộc các ngân hàng đầu tư DT (Jewish Investment Banks).

- **Các tập đoàn:** Những ngân hàng đầu tư Do Thái như Goldman Sachs và Citigroup bảo kê những *chứng khoán* của các tập đoàn HK và ra lệnh cho xuất nguồn việc làm ở HK sang Trung Quốc và Ấn Độ để tìm lao động rẻ và lợi nhuận cao.

- **Giáo dục:** Do Thái điều hành Liên đoàn Giáo viên HK (American Federation of Teachers) và liên đoàn nầy đã thâm nhập hệ thống giáo dục công lập, tẩy não học sinh với những sách vở đồng tình luyến ái và lai chủng. Do Tháo tài trợ những khoản tiền kếch xù cho Liên đoàn *Ivy League Schools* và giao phó những chức vụ cao cho các nhân viên Do Thái như David Skorton, Hiệu trưởng Đại Học Cornell and Allan Garber, Hiệu trưởng Đại Học Harvard. Hiệu trưởng của sáu trong số tám đại học của liên đoàn nầy là Do Thái, trong đó có Yale, Princeton và Harvard. Sanford Weil, tên Do Thái chúa trùm của *Wall Street*, đồng thời là giám đốc của *Citi group*, là một mạnh thường quân số một của Đại Học Cornell và đồng thời là tay tài trợ cho 500 học viện thông qua Cơ Quan *National Academy Foundation* của y.

- **Văn hóa:** Một trong những chìa khóa để thao túng và lũng đoạn văn hóa HK là những kỹ nghệ giải trí, điện ảnh nói chung và Hollywood nói riêng đang nằm trong tay của Do Thái. Mặc dù phần lớn những phim ảnh không bậy bạ, bạo lực rẻ tiền, nhưng kỹ nghệ nầy gián tiếp khuyến khích một khuynh hướng như thế. Những phim tuyên truyền từ Hollywood tràn ngập các màn ảnh truyền hình. Ngoài ra, kỹ nghệ tin tức và truyền thông là vương quốc của Do Thái. Đâu đâu người ta cũng thấy xuất hiện những chủ đề Do Thái. Từ New York times đến các tờ báo địa phương, từ Đài Phát Thanh Quốc Gia (NPR) đến các chương trình *talk shows*, khán thính giả bị nhồi nhét bởi một nhóm người đặc thù trong xã hội Hoa Kỳ.

5. Toàn cảnh kịch bản

Trên tổng thể, ba đại cường Mỹ, Nga, và Tàu đang đi vào một hợp đồng Sống chung Hòa bình bất đắc dĩ dưới sự bảo trợ và bảo chứng của tập đoàn Do Thái quốc tế, cụ thể là của Rothschild và Rockefeller qua một số đại bài chính như *Bilderberg* và *Illuminati*. Trong số ba đại cường nằm dưới quyền kiểm soát của Hệ thống Siêu quyền lực của Do Thái, có lẽ Hoa Kỳ là thành tố bị Do Thái ngược đãi, thao túng, và lũng đoạn nhiều nhất và quy mô nhất. Khả năng "hội nhập" của Nga và Tàu vào "Thế giới một chính Phủ" đương nhiên thuận lợi hơn nhiều vì bản chất chính trị của hai cường quốc nầy tương thích bản chất của Chính Phủ Ma nói trên. Hai thành tố nầy đang được Do Thái, vừa bí mật vừa công khai, bồi dưỡng, vuốt ve, và hà hơi tiếp sức. Tuy nhiên, quốc gia nào cũng có những quyền lợi đặc thù của họ; những quyền lợi đó thường mâu thuẫn với nhau rất gắt gao. Điều nầy càng chính xác hơn đối với những đại cường vốn, không nhiều thì ít, minh thị hay mặc nhiên, đều mang giấc mộng bá chủ thế giới. Chỉ theo trực giác dân gian không thôi thì đó là chuyện "đội đá vá trời" nếu âm mưu thống lãnh ba đại cường sừng sỏ thế giới để thiết kế một "Chính Phủ Thế Giới" theo tân mô hình của Thế Giới Đại Đồng Mác Lê.

Đó chính là âm mưu dàn dựng cho ba đại cường Mỹ, Nga, và Tàu sống chung hòa bình, cấu kết nhau dưới con roi của Rothschild và Rockefeller, âm thầm phân chia thế giới trên lưng các quốc gia khác, nhất là các quốc gia nhược tiểu. Âm mưu đó chẳng khác nào cho vào chung một chuồng ba con sư tử không cân sức - con sư tử xanh (Mỹ) quá ư dũng mãnh và hai con sư tử đỏ (Nga và Tàu) đang thở dốc – nhưng tất cả đã trưởng thành với những nanh vuốt nguyên tử.

5.1 Đây là một số giải pháp rất bình dân giáo dục:

- Thiến sư tử xanh;
- Rút móng, rút nanh, và cắt gân sư tử xanh;
- Bỏ đói sư tử xanh, dành lương thực và năng lượng cho hai sư tử đỏ. Nếu cần thì xử dụng chất thải của hai sư tử đỏ thay lương thực cho sư tử xanh;
- Cho sư tử xanh uống thuốc ngủ dài hạn trong khi dùng *steroids* cho hai sư tử đỏ;
- Xích hóa sư tử xanh bằng cách nhuộm đỏ bộ lông, bộ lòng, và bộ óc của nó, đồng thời thay hai hàm răng của nó bằng búa và liềm;
- Hoán chuyển tế bào giữa sư tử xanh và sư tử đỏ;
- Chuyền máy trâu bò gà lợn vào huyết quản của sư tử xanh;
- Để *Mossad* ngồi trên đầu sư tử xanh, *CIA* ngồi trên cổ, *KGB* và Hoa Nam ngồi trên lưng.

5.2 Đây là những "nghi vấn" cũng rất bình dân giáo dục

- Nhưng còn thế giới Hồi Giáo Trung Đông, Ấn Độ, Nhật Bản, Úc... thì sao đây? Phải chăng đó là những "chuyện nhỏ, hạ hồi phân giải"?
- Dù thông minh, giàu tiền và mưu trí đến đâu thì Do Thái cũng chỉ là những con người hữu hạn không thể thay mặt Thượng Đế để an bài số phận loài người. Lịch sử đã chứng minh Do Thái không phải là bách chiến bách thắng. Họ đã từng bị Trời đày không đất dung thân; họ đã từng bị Đức Quốc Xã tàn sát không nương tay; họ đã thất bại trong âm mưu hà hơi tiếp sức cho Liên Bang Xô Viết trong suốt thời kỳ Chiến Tranh Lạnh, vì chung cuộc Liên Xô đã sụp đổ;

Chương IV: Âm Mưu Sống Chung Hòa Bình

- Nếu giấc mộng "Trật Tự Thế Giới Mới" đó thành hiện thực thì đó là loại trật tự gì? Phải chăng, trong bản chất, đó sẽ là một trật tự được thiết lập trên lòng tham vô đáy, bạo động, âm mưu, phản trắc, và lừa đảo?

- Nếu mục tiêu đó đạt được, thi ai sẽ là bên hưởng lợi nhiều nhất? Đương nhiên là những người không có tổ quốc: Do Thái. Khi những kẻ vô gia cư kêu gọi bạn đoàn kết, điều đó có nghĩa là: (1) Bạn sẽ ra đường sống chung với họ - kịch bản của những tên khùng (2) Họ sẽ vào chiếm nhà của bạn và đuổi bạn ra đường – kịch bản của những nạn nhân cộng sản. Trường hợp nào thì họ cũng thắng cả. Khi người Do Thái không có quốc gia riêng theo công pháp quốc tế thì các dân tộc khác khó lòng có quốc gia riêng của họ. Vì không có quốc gia riêng nên Do Thái phải biến toàn bộ thế giới nầy thành thế giới của riêng họ, bắt đầu với những quốc gia chứa chấp họ và chấm dứt với Trật Tự Thế Giới Mới, một tên gọi khác của Thế Giới Đại Đồng Mác-Lê - nghĩa là một chế độ cộng sản toàn cầu Do Thái trị, một loại trật tự do bọn vô gia cư làm chủ, trong đó, cũng giống như Do Thái, không một dân tộc nào trên trái đất có biên giới quốc gia: có nghĩ là ARMAGEDDON - TẬN THẾ.

- Để bớt nỗi sợ hãi về viễn ảnh tận thế khi "Chính Phủ Thế Giới" của Do Thái ra đời, có lẽ con người phải tin vào một số tục ngữ dân gian như "Thiên bất dung gian," "Hoàng thiên hữu nhãn," hay "Mưu sự tại nhân thành sự tại thiên"?

- Lịch sử có luận lý riêng của nó, bất chấp ý chí của con người, dù đó là những sinh vật đang nắm trong tay phần lớn của cải, tài nguyên, tri thức, và phương tiện truyền thông của trái đất.

- Nghi vấn cuối cùng: thiết kế của Trật Tự Thế Giới Mới đặt nền tảng trên Hợp đồng Sống chung Hòa bình giữa Mỹ, Nga, và Tàu, một hợp đồng mà Do Thái xem như là một điều kiện tiên quyết. Những gì sẽ xảy ra nếu điều kiện tiên quyết nầy không được thỏa mãn, nghĩa là hợp đồng sống chung hòa bình bất đắc dĩ kia cuối cùng được phơi bày là bất khả thi?

Những mâu thuẫn tất yếu bây giờ đã vượt qua mọi kiềm chế hữu hạn của con người và việc gì đến sẽ đến.

CHƯƠNG V

Nghi Vấn Kim Tự Tháp

Primary reference:
** Unsealed: Alien Files, American Television Series, Season 2, Episode 14. - Mary Carole McDonnell

(Phần lớn nội dung của chương nầy có thật. Có thể một số nội dung trong chương nầy đã được trình bày trong một chương trước đây hay một tập trước đây, nếu có phần nào được lặp lại ở chương nầy thì chỉ để bổ sung cho nội dung mới.)

"*Một nỗ lực toàn cầu đã bắt đầu. Những hồ sơ bị bưng bít với công chúng từ nhiều thập niên, với nhiều chi tiết về đĩa bay, hiện đang được phơi bày cho mọi người. Chúng tôi sẽ phơi bày sự thật phía sau những tài liệu mật nầy. Hãy tìm hiểu xem những gì mà chính phủ Hoa Kỳ không muốn cho bạn biết. Unsealed: Alien Files sẽ phơi bày những bí mật lớn nhất trên Trái Đất.*"
- Mary Carole McDonnell

** *Unsealed: Alien Files* là một bộ phim truyền kỳ Mỹ được trình chiếu lần đầu vào năm 2011 ở Hoa Kỳ. Bộ phim nầy điều tra về những tài liệu liên quan đến các trường hợp nhìn thấy và đối tác với *UFO* (unidentified flying object) - vật bay lạ hay đĩa bay - được công khai với dân chúng vào năm 2011 dựa theo Đạo Luật *Freedom of Information Act*. Mỗi kỳ (episode) của bộ phim nầy xem xét những trường hợp *UFO* được nhìn thấy, những trường hợp bị người hành tinh bắt cóc, âm mưu bưng bít của chính phủ và tin tức *UFO* khắp thế giới.

1. Tổng Quát

Kim tự tháp được tìm thấy khắp thế giới. Theo Tom Durant (hình dưới), hầu như khó có thể nào những văn minh nầy vốn cách xa nhau hàng ngàn dặm lại biết những gì mà những nền văn minh khác đang làm.

Nhưng biết đâu những khoảng cách đó chỉ là một ảo tưởng? Phải chăng con người đã tự mình xây dựng các kim tự tháp? Hay họ có sự trợ giúp? Một số chuyên viên tin rằng những kim tự tháp khắp thế giới là một phần của một thiết kế vĩ đại của người hành tinh nhằm liên kết với một lưới năng lượng bí ẩn toàn cầu.

Chương V: Nghi Vấn Kim Tự Tháp

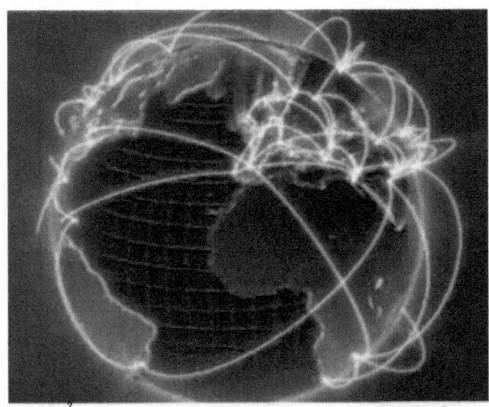

Nhưng rất có thể sự gia tăng những trường hợp chứng kiến đĩa bay dọc theo những trung tâm nhà máy điện then chốt khiến người ta nghĩ đến một thay đổi lớn lao trên trái đất trong tương lai gần đây? Và biết đâu có thể một biến cố tương tự như thế hàng ngàn năm trước đây đã giảm thiểu dân số toàn cầu xuống một mức kinh ngạc là 2,000 người?

Chương này sẽ điều tra những bí mật về kim tự tháp và lưới năng lượng toàn cầu của người hành tinh.

2. Nội dung chính

2.1 Phi Vụ 1628

Những vùng cực của Bắc Mỹ là những vùng hoang dã, không thuần hóa được. Thời tiết cực đoan và lãnh thổ gồ ghề cung ứng một số khu vực đẹp nhất và chết người nhất trên trái đất. Bắc Mỹ là quê hương của thành phố cực bắc của Hoa Kỳ, Anchorage, thuộc tiểu bang Alaska.

Phi trường quốc tế *Anchorage International Airport* là một trung tâm chuyển vận thực phẩm hàng đầu và là một trong những phi trường vận tải bận rộn nhất trên thế giới.

Nhưng vào năm 1986, sau khi nạp nhiên liệu trên tuyến đường từ Iceland, một phi cơ vận tải của hãng *Japan Airlines* gặp phải một đĩa bay.

```
RECORD OF INTERVIEW WITH JAL CAPTAIN

Richard Gordon, Manager, FSDO-63
Kenju Terauchi, Captain, JAL
Frank Fujii, Interpretor, JAL
Sayoko Mimoto, FAA Airways Facilities
Mr. Shinbashi, Station Manager

On January 2, 1987, Inspector Richard O. Gordon, FSDO-63, ar
Interpertor Sayoko Mimoto, FAA Airways Facilities, interviev
Captain Kenju Terauchi at JAL Operations, Anchorage, Alaska.
was conducted for the purpose of gathering first-hand witnes
regard to a sighting on November 17, 1986, by Captain Terauc
an unidentified flying object. The following text is a reco
interview:

R. Gordon    Think what I'm going to . . .
```

Đó là ngày 17/11/1968 tại miền đông Alaska. Chuyến bay 1628 của Hãng Hàng Không *Japan Airlines* bắt đầu cuộc hành trình dài của họ xuyên qua Thái Bình Dương. Xuyên qua bầu trời đêm, hai vật bay xuất hiện để bay theo hướng trình của phi vụ 1628.

Một tài liệu của Ủy Ban Quốc Gia Điều Tra về Hiện Tượng Không Gian (*NICAP* - National Investigations Committee on Aerial Phenomena) cho biết rằng, trong khi bay trên không phận Alaska, phi công Terauchi nhìn thấy một ánh sáng trắng phía sau phi cơ và thấy cái bóng của một con tàu không gian khổng lồ, hình quả hạch (walnut), cân đối trên dưới.

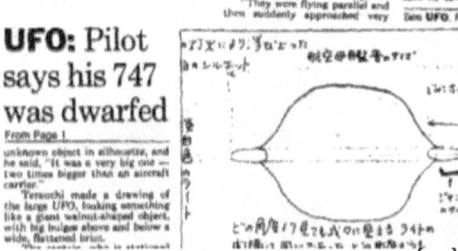

Điều khó nghĩ hơn nữa là Terauchi tuyên bố rằng một trong những đĩa bay cho thấy một cái gì trông giống như những cái vòi thò ra từ bên hông con tàu. Những cái vòi nầy dùng để làm gì? Phi công Terauchi điện cho một căn cứ quân sự Hoa Kỳ khi một đĩa bay thứ ba xuất hiện. Theo báo cáo của Terauchi, đĩa bay mới nầy lớn gấp hai lần một phi cơ thường. *Radar* quân sự được nói đã xác nhận những vật bay và ra lệnh cho những phản lực chiến đấu tham chiến. Tất cả ba đĩa bay biến mất trong bầu trời đêm.

Biến cố đó được truyền thông tường thuật khắp thế giới. Phi công Terauchi khẳng định những gì mà phi vụ 1628 gặp phải là một đĩa bay. Ông lập tức bị cấm bay vì đã nói chuyện với báo chí.

Cơ Quan Quản Trị Hàng Không Hoa Kỳ (Federal Aviation Administration - FAA) phát động một cuộc điều tra về vấn đề nói trên, nhưng không đưa ra kết quả. Khi nói chuyện tại một buổi điều trần *Citizen Hearing* vào năm 2013 về vấn đề tiết lộ đĩa bay, John Callahan (hình trên), một cựu giám đốc phân ngành tai nạn và điều tra của FAA đưa ra một câu chuyện hoàn toàn khác.

Callahan được lệnh thuyết trình cho Cơ Quan Tình Báo Trung Ương CIA và Không Lực Hoa Kỳ về cuộc điều tra của ông. Callahan cho biết,

When they get done, the CIA standing next to me says to the people, "This event never happened. We were never here. We're confiscating all this data and you're all sworn to secrecy."

(Sau khi xong cuộc họp, gã CIA đứng cạnh tôi nói với mọi người, " Biến cố đó không hề xảy ra. Coi như chúng ta không hề ở đây. Chúng tôi đã tịch thu mọi dữ kiện và tất cả quý vị đã tuyên thệ phải giữ kín bí mật."

2.2 Đĩa Bay và Điện Từ Trường

Và biến cố trên vẫn chưa được giải thích. Tại sao đĩa bay hoạt động gần Bắc Cực? Phải chăng những cái vòi của đĩa bay được dùng để thu thập năng lượng từ điện từ trường của trái đất (Earth's electromagnetic field)?

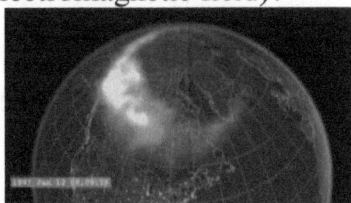

Điện từ trường của trái đất bảo vệ trái đất khỏi những lóe sáng của mặt trời (solar flares), bức xạ (radiation), và bão mặt trời (solar storms).

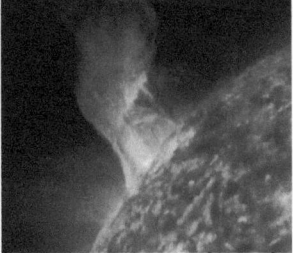

Nếu điện từ trường của chúng ta biến mất thì sự sống trên trái đất sẽ kết liễu. Năng lượng từ tính chảy theo những tuyến (lines) và tụ lại tại những đường kinh tuyến (meridians) dọc theo bề mặt của trái đất.

Một số chuyên gia tin rằng những tuyến nầy trùng hợp với nhiều kỳ quan kiến trúc đáng kể của thế giới. Phải chăng sự trùng hợp đó là ngẫu nhiên hay cố ý?

Nhiều nền văn minh cổ tin rằng những kỳ quan đó có sức mạnh tinh thần và có những đền đài và kim tự tháp khổng lồ được xây dựng, nơi giao tiếp những đường năng lượng. Rất có thể những cấu trúc khổng lồ nầy giúp ổn định hoặc thậm chí kiểm soát được năng lượng điện từ của trái đất? Những cấu trúc kim tự tháp ở Trung Quốc, Mexico, Bolivia, Peru, Sudan, và Cambodia, tất cả đều nằm dọc theo những tuyến năng lượng nầy.

Kỹ thuật vệ tinh hiện đại đã cho phép các khoa học gia tìm hiểu trái đất một cách thuận lợi chưa từng thấy. Bằng chứng mới cho thấy hệ thống lưới năng lượng thế giới có thể rộng lớn hơn những chuyên gia đã giả định lúc đầu.

2.3 Kim tự tháp khắp nơi

2.3.1 Sudan, Phi Châu

Người ta đã khám phá những hiện tượng trông giống như 35 kim tự tháp nhỏ ở Sudan, Phi Châu.

2.3.2 Mexico

Người ta đã phát hiện một chuỗi hoàn toàn mới gồm những hiện tượng có thể được xem như những kiến trúc kim tự tháp của người Mayan.

Chương V: Nghi Vấn Kim Tự Tháp

2.3.3 Ai Cập

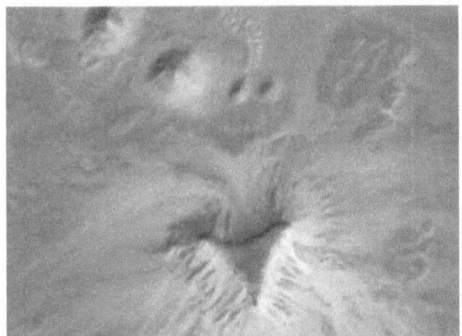

Người ta đã phát hiện 17 cấu trúc kim thự tháp không được khám phá trước đây trong những vùng sa mạc Ai Cập. Một trong số đó có kích thước gấp ba lần kích thước của Đại Kim Tự Tháp Giza.

2.4 Hệ năng lượng điện từ

Một số chuyên gia cho rằng một hệ thống năng lượng điện từ đang vây quanh trái đất. Tại giao điểm của những tuyến năng lượng (energy lines), các nền văn minh cổ xây dựng một số kiến trúc uy nghiêm và bí ẩn nhất của trái đất. Có thể đội hình năng lượng cổ xưa nầy đã xảy ra một cách ngẫu nhiên hay biết đâu những đổ nát đó có thể là bằng chứng của một nỗ lực nào đó của một chủng loại người hành tinh nhằm kiểm soát từ trường của trái đất?

Theo John Greenewald Jr. (hình trên), nếu quả thực như thế, thì điều đó dứt khoát có thể thay đổi và biến cải mọi thứ mà chúng ta tin.

Bằng chứng hùng hồn đã được khám phá và đã đảo lộn cộng đồng khoa học.

Xỉ (slag) là một loại cặn mỏ được dùng để nấy chảy đồng. Mảnh xỉ trong hình trên được tìm thấy từ một quặng mỏ 5,000 năm tuổi ở Israel. Xỉ nầy cho thấy từ trường của trái

Chương V: Nghi Vấn Kim Tự Tháp

đất lúc bấy giờ mạnh hơn và đa dạng hơn các khoa học gia đã tưởng.

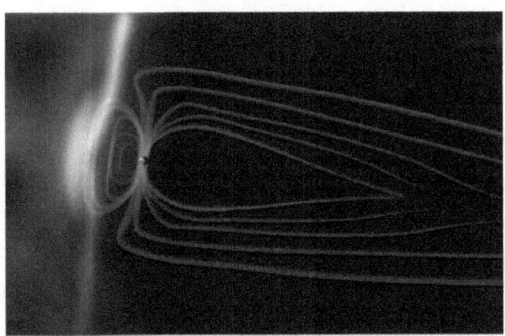

Từ trước đến nay, một số nhà cổ từ học (Paleomagnetists) tin rằng từ trường của trái đất đã thay đổi từng bước, nhưng khám phá ở Israel nói trên cho thấy những thay đổi cũng có thể xảy ra khốc liệt và đột ngột. Mẫu xỉ nói trên có từ thời kỳ mà Israel hãy còn là một phần của Cổ Ai Cập. Làm thế nào từ trường của trái đất có thể thay đổi khốc liệt đến thế? Thay đổi đó là tự nhiên hay được thiết kế?

Theo John Greenewald Jr., dường như những người Cổ Ai Cập đã biết điều đó trước chúng ta hàng ngàn năm. Một số chuyên gia tin rằng các kim tự tháp không đơn thuần là những đền đài. Dựa trên những lý thuyết đã có trước, một người có tên là Edward Malkowski cho rằng Đại Kim Tự Tháp Giza đã thực hiện một chức năng có khả năng ảnh hưởng đến toàn bộ thế giới. Những lý thuyết của Malkowski bắt nguồn từ thiết kế bên trong của Kim Tự Tháp. Ông luận đoán rằng, nếu tầng dưới chỉ là phòng liệm (burial vault) thì khoảng không gian bao la đã bị hoang phí. Nhưng nếu phòng đó là một phần gắn liền của thiết kế chung và có một chức năng nhất định, thì chức năng đó có thể là gì? Ông giả định rất có thể Đại Kim Tự Tháp Giza là một máy sóng nén (compression wave generator) để tạo ra một dao động lực (vibratory effect). Có thể áp suất được tạo ra do bom nước từ sông Nile đã tạo nên âm thanh bên trong Kim Tự Tháp.

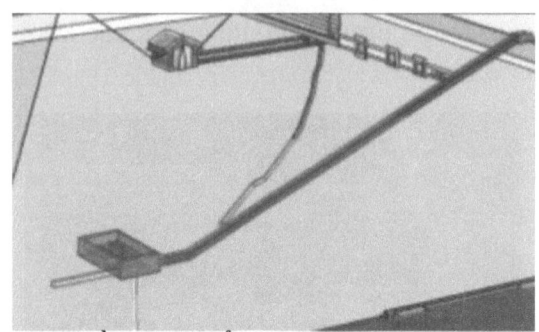

Malkowski cho rằng có thể các kim tự tháp đã được thiết kế để liên kết như một hệ thống, kiểm soát được sóng âm thanh. Các kim thự tháp nầy là những nhà máy điện, phóng đại những tần số điện từ thiên nhiên của trái đất và có thể tăng cường từ trường của trái đất.

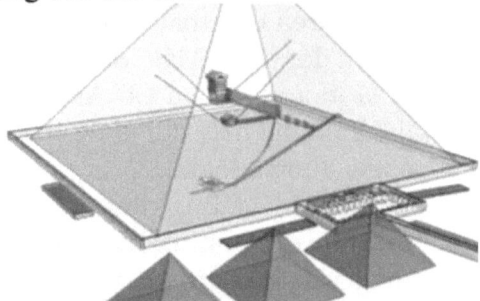

Phải chăng người hành tinh đã kiểm soát từ trường của trái đất bằng một cỗ máy kim tự tháp? Và nếu thế, liệu sự thao túng nầy có những biến chứng không thể tiên liệu nào tại hai cực địa cầu? Có thể câu trả lời đã có từ nhiều thập niên trước đây trong những bầu trời đóng băng tại Nam Cực (Antarctica).

2.5 Đĩa Bay Nam Cực

Richard Hall (hình trên) là chuyên gia về đĩa bay thuộc Ủy Ban Quốc Gia Điều Tra về Hiện Tượng Không Gian (*NICAP* - National Investigations Committee on Aerial Phenomena), và đã đưa ra một phúc trình về một con số kinh ngạc của những trường hợp chứng kiến đĩa bay chung quanh Nam Cực. Các quan sát viên khoa học thuộc những trạm nghiên cứu tại Nam Cực được đảm trách bởi nhân viên của ba quốc gia đã quan sát thấy những vật bay sáng nhiều màu thao tác trên bầu trời.

2.5.1 Deception Island, Nam Cực

Vào tháng 6/1965, tại trạm nghiên cứu *Deception Island* của Anh ở Nam Cực, 5 chuyên viên về thiên thạch đã nhìn thấy trong 20 phút một vật bay sáng màu đỏ và xanh lá cây, đôi khi đổi sang màu vàng và đang bay về hướng bắc. Vật sáng bay theo hình chữ chi, lơ lửng, và đôi khi tăng tốc.

Cũng tại *Deception Island,* trong một trường hợp khác, 9 người ngơ ngác đứng nhìn một vật bay phóng qua bầu trời.

Vật bay di chuyển qua lại với tốc độ cao... lơ lửng tại một điểm, để lại phía sau một vệt trắng giống như hơi nước.

2.5.2 Laurie Island, Nam Cực

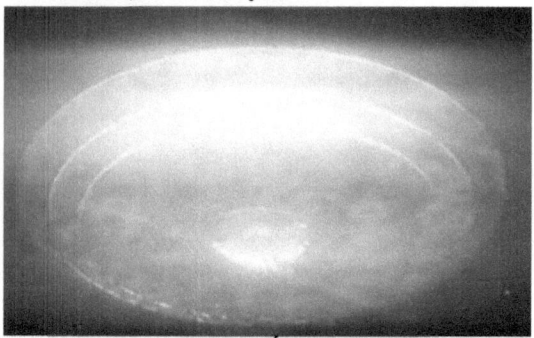

Hai khoa học gia đã chứng kiến một đĩa bay hình tròn màu trắng xanh phóng qua bầu trời trong 15 giây. Bộ biến cảm (variometer) ghi nhận những dao động từ trường đột ngột và mạnh.

2.6 Đĩa bay và lưới năng lượng toàn cầu

Liệu có thể những trường hợp chứng kiến đĩa bay ở hai cực địa cầu là một dấu hiệu cho thấy người hành tinh đang điều khiển lưới năng lượng toàn cầu?

Theo Bill Birnes (hình trên), người ta thực sự có thể nhìn thấy những miệng hang ở Nam Cực (hình dưới) có thể được xem như là những lối vào bên trong lòng trái đất.

Chương V: Nghi Vấn Kim Tự Tháp

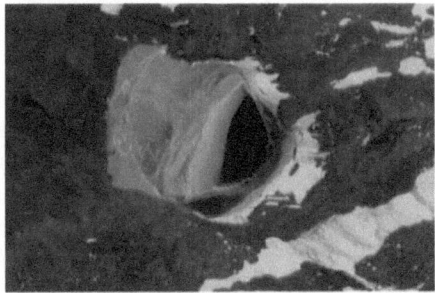

Những hình ảnh vệ tinh từ Google Earth cho thấy một ngọn núi ở Nam Cực (hình dưới), cao 230 feet và rộng 180 feet.

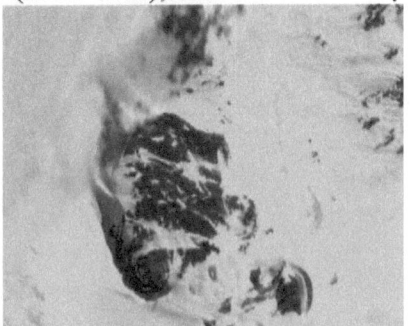

Chắc chắn một ngọn núi như thế có thể thích hợp cho một đĩa bay.

2.7 Trái đất lệch trục

Các khoa học gia đã nghiên cứu Bắc Cực gần 200 năm. Kết quả nghiên cứu của họ cho thấy Bắc Cực có thể đã lệch trục về hướng Siberia với một độ kinh ngạc là 10 cây số mỗi năm. Và thậm chí đáng ngại hơn, vì Bắc Cực bị lệch trục, từ trường của trái đất đang yếu đi một cách nghiêm trọng. Phải chăng sự kiện nầy là tự nhiên hay do một thao túng trên một quy mô khủng khiếp? Kết quả nghiên cứu đầy kinh ngạc cũng cho thấy từ trường của trái đất đã suy yếu nhiều lần trong lịch sử. Hiện tượng đảo ngược nầy có thể có nghĩa là một chuyển trục (realignment) của toàn bộ hành tinh. Liệu một biến cố với quy mô như thế sẽ là một đại họa cho nhân loại?

Theo Tom Durant, hậu quả là những biểu mẫu thời tiết lạ thường, những hiện tượng lệch trục trái đất. Rõ ràng chúng ta chỉ còn một bước nữa là đi đến tự diệt hoàn toàn. Bằng chứng của viễn ảnh đó có thể được tìm thấy trong một trong những văn bản tôn giáo phổ thông nhất trên trái đất: Kinh Thánh.

Joshua 10:13 - *So the sun stood still in the midst of heaven and hastened not to go down about a whole day.*
(Thế là mặt trời đứng yên giữa trời cả ngày và không vội lặn.)

Một số chuyên gia tin rằng hai cực trái đất cần được đảo ngược trở lại để tái nạp năng lượng. Nhưng có thể nào đó là hậu quả của một thiết kế người hành tinh? Và nếu thế, đâu là cái giá phải trả cho một tai họa như thế?

Các nhà địa chất học đã khẳng định rằng 40,000 năm trước đây, từ trường trái đất đột nhiên đảo ngược. Trong giai đoạn đó, hoạt động núi lửa lớn nhất của 100,000 năm đã xảy ra. Trận núi lửa Campi Flegrei (được gọi là Supervolcano), đã bắn 350,000 mét khối đá và nham thạch lên bầu khí quyển.

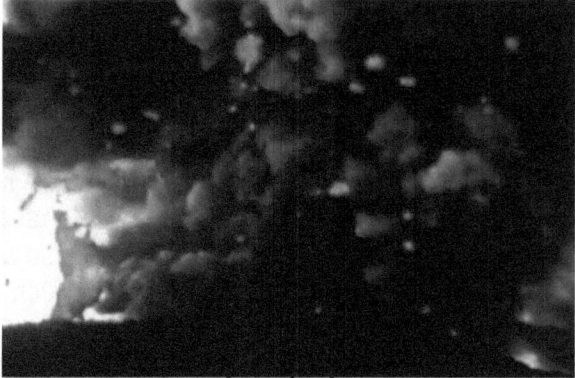

Có thể đám mây nhiệt khổng lồ này và những mảnh đất đá là nguyên nhân tuyệt chủng của người *Neanderthal* (hình dưới).

Chương V: Nghi Vấn Kim Tự Tháp

2.8 Lake Toba, Sumatra

Núi lửa ở Hồ Lake Toba đã phun thành *Supervolcano* khoảng 70,000 năm trước đây, bắn sức nóng và nham thạch lên bầu khí quyển, khiến rất nhiều sinh vật của trái đất đã chết đi. Nhưng khủng khiếp hơn, các khoa học gia về DNA đã khám phá ra rằng chính trong giai đoạn đó, dân số nhân loại trên trái đất có thể đã rơi xuống chỉ còn một con số khó tin là 2,000 người. Liệu một hiện tượng lệch trục có thể gây ra một bế tắc sinh sản khác (genetic bottleneck) và đưa nhân loại đến bờ tuyệt chủng?

2.9 Hành Quân Operation High Jump

Nếu những cỗ máy kim tự tháp đã từng tăng cường từ trường của trái đất, thì tại sao chúng lại ngưng hoạt động? Một câu trả lời có thể được tìm thấy trong một cuộc hành quân tối mật của quân đội tại Nam Cực vào cuối thập niên 1940.
Vào năm 1947, Đô Đốc Richard E. Byrd, một sỹ quan với nhiều huân chương cao quý, đã chỉ huy một lực lượng từ các quốc gia Anh, Úc, và Hoa Kỳ trong một cuộc thám hiểm đến Nam Cực. Ngày nay Đô Đốc Byrd tuyên bố,
It was imperative for the United States to initiate immediate defense measures against hostile regions.
(Hoa Kỳ cần phải tiến hành những biện pháp quốc phòng lập tức để chống lại những vùng thù địch.)
Hạm đội của Byrd được trang bị với kỹ thuật từ kế (Magnetometer) mới nhất. Sứ mạng công khai của họ là nghiên cứu những hiện tượng dị thường trong từ trường của trái đất tại Nam Cực. Nhưng không một ai được chuẩn bị để đối phó với những gì mà họ sẽ trực diện trong những vùng băng tuyết hoang vu của Nam Cực.
Theo Bill Birnes, phi đội chiến đấu của Đô Đốc Byrd tìm thấy một lối vào sâu lòng đất. Đó là một lối vào đủ rộng để các phi cơ của phi đội nầy bay vào, theo đội hình chiến đấu.

Chương V: Nghi Vấn Kim Tự Tháp

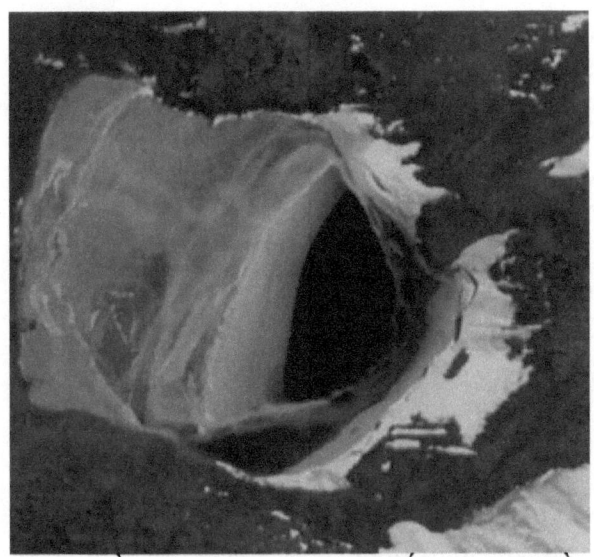

Những phi cơ nầy bị những đĩa bay tấn công. Phần lớn các phi cơ đều bị bắn rơi. Byrd bị bắt và được cho biết, "*Chúng tôi sẽ để ông đi. Hãy trở lại với những người lãnh đạo của ông và nói với họ rằng ông đã không tìm thấy được gì, những phi cơ bị rơi trong băng và mất tích. Và đừng bao giờ quay trở lại đây nữa.*"

Khi trở về Hoa Kỳ, Đô Đốc Byrd được một nhà báo phỏng vấn về sứ mạng của ông. Ông cho biết,

In case of a new war the continental United States would be attacked by flying objects...which could fly from pole to pole at incredible speeds.

(Trong trường hợp xảy ra một chiến tranh mới Hoa Kỳ có thể bị những vật bay tấn công... và những vật bay nầy bay từ cực nầy sang cực kia của trái đất với những vận tốc khó tin.)

Phải chăng chính phủ đang che đậy sự hiện diện của người hành tinh bằng cách hạn chế tất cả những ai được phép viếng?

2.10 Kim Tự Tháp Nam Cực

Gần đây trong năm 2012, một đoàn thám hiểm gồm 8 người, trong đó có các khoa học gia người Mỹ và Âu Châu, được nói đã phát hiện một loạt những kim tự tháp trên miền băng giá của Nam Cực (hình dưới).

Các chuyên gia luận đoán rằng các kim tự tháp được phát hiện là nhờ băng tan do hệ quả hâm nóng địa cầu. Khám phá đó đã làm cho cộng đồng khoa học kinh ngạc.

Phải chăng những kiến trúc kim tự tháp nầy là căn cứ người hành tinh mà cuộc hành quân Operation High Jump của Đô Đốc Byrd đã đụng độ? Liệu chúng có thể cho thấy bước tối hậu trong một kế hoạch của người hành tinh nhằm tái điều chỉnh từ trường trái đất. Và nếu thế, thì tại sao?

Phải chăng một chủng loại thông minh người hành tinh đang len lỏi vào năng lượng từ tính của trái đất thông qua một hệ thống của những cấu trúc cổ xưa? Và rất có thể điều nầy đã xảy ra trước đây? Bằng chứng cho thấy thế giới của chúng ta không phải là thế giới đầu tiên khứng chịu tiến trình khủng khiếp nầy của người hành tinh.

Chương V: Nghi Vấn Kim Tự Tháp

Theo Tom Durant, con tàu *Curiosity Rover* của NASA (hình trên) chủ yếu là một phòng thí nghiệm di động, và chúng ta có thể thu thập bằng chứng từ Hỏa Tinh (Mars), điều mà chúng ta đã không thể làm trước kia. Chính giữa hành tinh trơ trọi nầy có ba kiến trúc sừng sững (hình dưới trái) trông gần giống hệt những kim tự tháp của chúng ta ở Ai Cập (hình dưới phải).

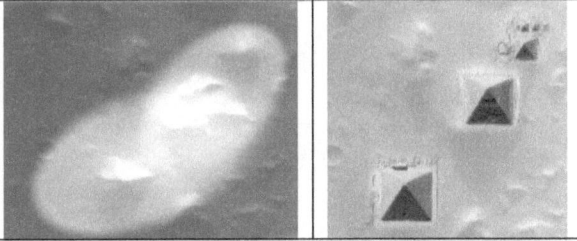

Những kim tự tháp trên Hỏa Tinh có vẻ trùng trục nam bắc với hành tinh nầy, tương tự như những kim tự tháp Giza trùng trục nam bắc với trái đất. Phải chăng đó chỉ là một trùng hợp ngẫu nhiên? Thật khó có ai tin như thế.

Bằng chứng cho thấy bầu khí quyển của Hỏa Tinh đã có thời kỳ rất giàu *oxygen*, không những cho phép sự sống mà có thể ngay cả sự sống thông minh. Phải chăng những kim tự tháp ở Hỏa tinh đã hút vào từ trường của hành tinh nầy tương tự như những kim tự tháp trên trái đất? Và nếu thế, tại sao họ thất bại? Phải chăng thậm chí còn có nhiều kim tự tháp hơn nữa trên những hành tinh khác trong Thái Dương Hệ của chúng ta? Nhưng kim tự tháp điêu tàn trên trái đất và những kim tự tháp trên Hỏa Tinh trơi trọi ngày nay có thể là một cảnh báo nghiêm trọng. Nhân loại có thể hiện đã sống trên thời gian vay mượn.

CHƯƠNG VI

Thu Hồi Đĩa Bay Rơi

Primary reference:
** Unsealed: Alien Files, American Television Series, Season 2, Episode 15. - Mary Carole McDonnell

(Phần lớn nội dung của chương nầy có thật. Có thể một số nội dung trong chương nầy đã được trình bày trong một chương trước đây hay một tập trước đây, nếu có phần nào được lặp lại ở chương nầy thì chỉ để bổ sung cho nội dung mới.)

"Một nỗ lực toàn cầu đã bắt đầu. Những hồ sơ bị bưng bít với công chúng từ nhiều thập niên, với nhiều chi tiết về đĩa bay, hiện đang được phơi bày cho mọi người. Chúng tôi sẽ phơi bày sự thật phía sau những tài liệu mật nầy. Hãy tìm hiểu xem những gì mà chính phủ Hoa Kỳ không muốn cho bạn biết. Unsealed: Alien Files sẽ phơi bày những bí mật lớn nhất trên Trái Đất."
- Mary Carole McDonnell

** *Unsealed: Alien Files* là một bộ phim truyền kỳ Mỹ được trình chiếu lần đầu vào năm 2011 ở Hoa Kỳ. Bộ phim nầy điều tra về những tài liệu liên quan đến các trường hợp nhìn thấy và đối tác với *UFO* (unidentified flying object) - vật bay lạ hay đĩa bay - được công khai với dân chúng vào năm 2011 dựa theo Đạo Luật *Freedom of Information Act*. Mỗi kỳ (episode) của bộ phim nầy xem xét những trường hợp *UFO* được nhìn thấy, những trường hợp bị người hành tinh bắt cóc, âm mưu bưng bít của chính phủ và tin tức *UFO* khắp thế giới.

1. Tổng Quát

Từ nhiều thập niên nay các nhân chứng tai nghe mắt thấy đã báo cáo những đĩa bay bị rơi xuống đất. Một số người tin rằng những đĩa bay bị rơi có thể chứa đựng kỹ thuật người hành tinh có khả năng thay đổi dòng lịch sử. Nhưng một số người khác có xu hướng không cho công chúng biết gì về những biến cố nầy. Những toán tối mật của chính phủ đặc trách thu hồi các đĩa bay bị rơi đã hết sức nhanh chóng mang đi các đĩa bay rơi, và hăm dọa bất kỳ ai cố đưa mắt nhìn vào những vật bay đó.

Theo Tom Durant (hình trên), các nhân chứng thường tuyên bố rằng những người mặc lễ phục đen (hắc y khách - hình dưới) đã xuất hiện trong những chiếc xe không bảng số. Những hắc y khách nầy cũng được biết đã xuất hiện trong những trực thăng màu đen không bảng số.

Những người nầy là ai, và ai ra lệnh cho họ? Tại sao họ nhất quyết không cho công chúng biết về những bí mật của người hành tinh? Phải chăng một hiểu biết như thế có thể khiến công chúng nhận rõ số phận của nhân loại?

Chương nầy sẽ tìm hiểu những đơn vị tối mật có nhiệm vụ thu hồi những đĩa bay rơi.

2. Nội dung chính

2.1 Needles, California

Đó là tháng 3/2008 tại Needles, California. Nhiều nhân chứng nhìn thấy một vật bay sáng màu xanh phóng qua bầu trời đêm và rơi xuống đất tại một vùng sa mạc phần lớn không có người ở, dọc theo Sông Colorado River. Trước đó, vật bay nầy biến mất bên kia một dải núi, nơi nó giả định rơi xuống, nhưng không phát ra tiếng động. Trong số những nhân chứng có Frank Costigan, một cựu trưởng ban an ninh của Phi Trường Quốc Tế Los Angeles (hình dưới).

Ông đứng nhìn trong khi một đơn vị đáp ứng tiến đến hiện trường. Costigan đã làm việc phối hợp với bất kỳ cơ quan công lực và an ninh quốc gia nào, nhưng trường hợp nầy không giống bất kỳ những gì ông đã từng chứng kiến trước đó. Thay vì nhìn thấy công tác tìm kiếm và tiếp cứu hay gọi phi cơ cứu thương như thông lệ, trong lúc đưng nhìn, ông thấy một toán trực thăng màu đen không bảng số tập trung bên trên khu vực đĩa bay rơi.

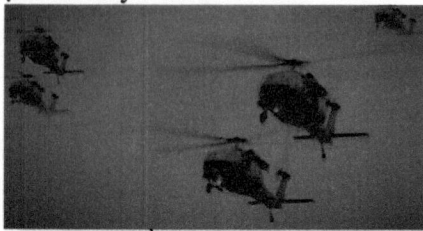

Sau đó toán trực thăng nầy rời hiện trường và kéo theo một vật sáng lớn được móc vào một cáp cẩu.

Viên cựu trưởng ban an ninh của phi trường *LAX* nầy tiếp xúc với Davis Hayes, giám đốc của đài phát thanh địa phương để báo cáo sự việc, nhưng viên giám đốc nầy cũng có những tin li kỳ của riêng ông.

Trong mấy phút theo sau vụ vật bay rơi, ông nhìn thấy một đoàn xe *van* màu đen và những xe *SUV* có mang bảng số chính phủ chạy đến hiện trường. Bấy giờ hai người mới hiểu rõ rằng cả những trực thăng lẫn đoàn xe vừa kể đều làm việc với nhau, và đây không phải là cuộc hành quân đầu tiên của họ.

Theo Tom Durant, bất luận bạn là một nạn nhân bị bắt cóc hay chỉ là một nhân chứng đĩa bay, rất có thể bạn sẽ nhìn thấy một trong những chiếc trực thăng màu đen đó.

Nhưng khi những nhân chứng của biến cố ở Needles báo cáo những gì họ đã nhìn thấy, nhà chức trách phủ nhận mọi hay biết về một đĩa bay rơi hay bất kỳ đơn vị đáp ứng nào của chính phủ trong khu vực. Trường hợp đó được xem như đã được đóng lại.

Theo các chuyên viên, biến cố ở Needles là một cuộc hành quân thu hồi đĩa bay đúng bài bản, được tiến hành với độ hữu hiệu thô bạo. Nhưng những chuyên viên thu hồi nầy là ai, và họ có thực sự làm việc cho chính phủ hay không? Nếu thế, cuộc hành quân Needles cho thấy họ đã đi một đoạn đường dài kể từ một trong những cái mệnh danh là nỗ lực đầu tiên nhằm thu hồi đĩa bay, tức từ biến cố Roswell.

2.2 Biến cố Roswell, New Mexico

Đó là năm 1947 tại Roswell, thộc tiểu bang New Mexico. Nhiều nhân chứng báo cáo rằng những binh lính Hoa Kỳ đã tiến hành một cuộc hành quân đại quy mô nhằm thu hồi chiếc đĩa bay bị nạn.

Quân đội thông báo vụ thu hồi nầy với thế giới... chỉ để rút lại thông báo đó ngay ngày hôm sau.

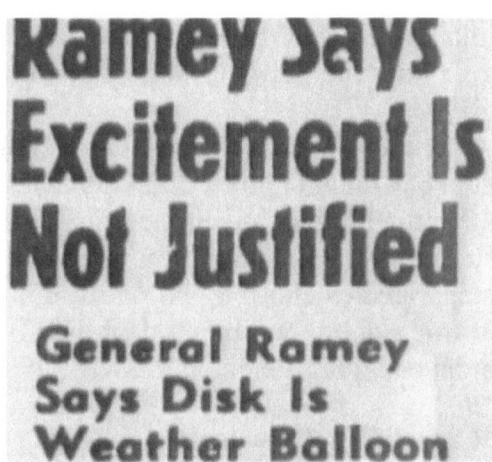

2.3 Special Operations Manual 1-01

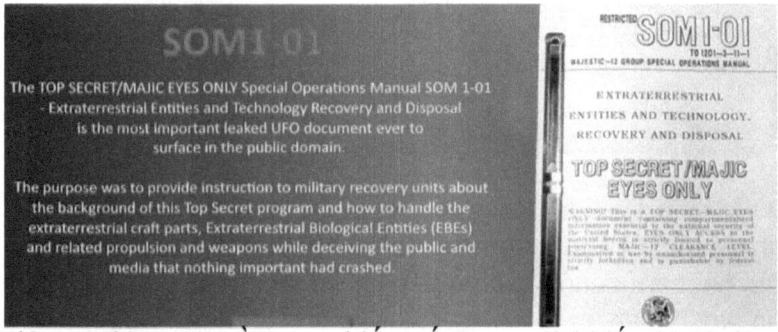

Việc xử lý vụng về trong biến cố Roswell khiến khởi động khắp thế giới những làn sóng thuyết âm mưu về đĩa bay tiếp tục đến ngày nay. Nhưng làm thế nào việc thu hồi đĩa bay ở Roswell có thể tiến triển từ Roswell đến những cuộc hành quân chính xác ở Needles? Câu trả lời có thể nằm sâu trong những trang của một tài liệu quân huấn mang tính huyền thoại: _Special Operations Manual 1-01,_ hay _SOM1-01_ (hình trên và hình dưới).

Chương VI: Thu Hồi Đĩa Bay Rơi

Đó là năm 1954. Trong những năm theo sau biến cố Roswell, Hoa Kỳ kinh qua một đại loạn đĩa bay.

Nhưng Không Lực Hoa Kỳ không chia xẻ sự hốt hoảng của công chúng. Họ được nói đã phổ biến tài liệu *Special Operations Manual 1-01,* với những hướng dẫn chi tiết về việc thu hồi và tiêu hủy đĩa bay.

Những phương thức được trình bày trong sách hướng dẫn có một tương đồng kỳ lạ với những phương thức được thi hành trong cuộc hành quân ở Needles. Nhưng phương thức nầy đòi hỏi những biện pháp nghiêm khắc nhằm bảo vệ và bảo trì mọi vật liệu hay con tàu được thu hồi... bằng mọi cách được xem là cần thiết.

Tại sao quân đội được chuẩn bị để đi đến những cực đoan chết người nhằm bưng bít những đĩa bay bị rơi với quần chúng? Họ cố che đậy những gì? Từ nhiều thập niên, các nhân chứng đã báo cáo nhìn thấy những đơn vị đáp ứng bí mật của chính phủ nhanh chóng thu hồi những đĩa bay bị rơi. Sứ mạng của họ là cách ly những người đến xem và giao nạp các xác đĩa bay cho những cơ quan an ninh cao cấp khuất mắt dân chúng. Chính phủ luôn phủ nhận sự hiện hữu của những xác đĩa bay như thế, nhưng hồ sơ công khai lại nói một câu chuyện hoàn toàn khác.

2.4 Kecksburg, Pennsylvania

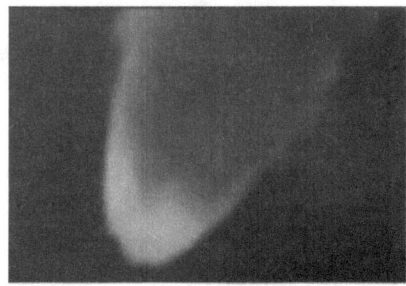

Đó là ngày 9/12/1965.
Các cư dân báo cáo nhìn thấy một quả cầu lửa bay qua bầu trời đêm. Mới thoạt nhìn, quả cầu lửa nầy trông giống một thiên thạch cho đến khi nó đột nhiên điều chỉnh hướng trình vài giây trước khi rơi xuống một khu rừng bên ngoài thành phố. Nhiều người chạy đến hiện trường, nhưng ít ai đến đủ gần để nhìn thấy hiện tượng bí ẩn xảy ra sau đó.

Theo Bill Birnes (hình trên), khi họ tụ tập nhau lại, đây là những gì họ nhìn thấy: hầu như lập tức, một nhóm người hay một đơn vị binh sỹ Hoa Kỳ không mang phù hiệu và đến với một xe tải mui trần. Nhóm binh sỹ nầy đến đó để thu hồi vật bay và mang nó đi. Mọi người được cảnh cáo *Keep your mouth shut. Don't talk about this.*
(Hãy câm miệng. Đừng nói về chuyện nầy.)
Khoảng 24 tiếng sau vụ đĩa bay rơi ở Kecksburg, báo chí vâng theo tuyên bố chính thức của chính phủ: Không có đĩa bay rơi gần Kecksburg và quân đội không hề có mặt ở đó. Phải chăng trường hợp Kecksburg là sản phẩm của cùng một tổ chức bí ẩn đã xuất hiện ở Needles, California hơn 40 năm sau? Nếu thế, họ là ai, và họ làm việc cho ai? Câu trả lời có thể nằm trong những năm đầu của Chiến Tranh Lạnh.

2.5 Đơn Vị Tình Báo Không Quân

Đó là năm 1952, lúc Đơn Vị Tình Báo Không Quân (Air Intelligence Squadron) của Hoa Kỳ được thành lập. Những viên chức của đơn vị nầy gồm có những cựu chiến binh từng trải của Đệ Nhị Thế Chiến và Chiến Tranh Cao Ly, được huấn luyện đặc biệt để thu hồi những phi cơ gián điệp của Nga bị rơi, và xem xét tường tận kỹ thuật của những phi cơ nầy. Nhưng vào năm 1953, chỉ một năm sau ngày thành lập, đơn vị tình báo nầy nhận được một lệnh mang tính lịch sử. Bộ Chỉ Huy Phòng Không ban hành Nghị Định *Regulations 200-2* bày tỏ sự quan tâm trực tiếp của quân đội về những sự kiện liên quan đến đĩa bay.

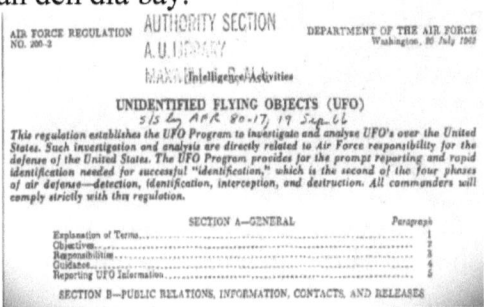

Nhiệm vụ của Tình Báo Không Quân là cung ứng một đơn vị đáp ứng cơ động cao, sẵn sàng thu hồi những vật bay bị rơi không rõ nguồn gốc.

Đó là một thú nhận hiếm thấy của quân đội Hoa Kỳ về sự hiện hữu của đĩa bay. Một bản đồ của năm 1955 được nói cho thấy những Cơ quan Tình Báo Không Quân đồn trú khắp Hoa Kỳ, tạo nên một hệ thống lớn nhất có thể có trong sứ mạng thu hồi những con tàu bị rơi của người hành tinh.

Nhưng những gì xảy ra cho những xác đĩa bay? Chúng được mang đi đâu, và ai chịu trách nhiệm bảo quản chúng? Nhiều chuyên gia tin rằng những đĩa bay của Hoa Kỳ được kiểm soát bởi tổ chức mang tên *Majestic 12* (còn được gọi là *Majic-12* hay *MJ-12*), một ủy ban tối mật gồm những sỹ quan tình báo và khoa học cao cấp, và được thành lập bởi Tổng Thống Truman trong những ngày theo sau biến cố Roswell.

Họ cũng tin rằng tổ chức nầy đã nhanh chóng ngang ngạnh, thậm chí thách thức cả quyền hành của chính tổng thống.

Chương VI: Thu Hồi Đĩa Bay Rơi

Theo Michael Salla (hình trên), Tổng Thống Kennedy rất quan ngại về quyền hành của tổ chức mệnh danh là *Majestic 12* này. Những quyết định của họ không được thực hiện vì lợi ích của Hoa Kỳ. Chúng không được thực hiện bởi những bộ óc tốt nhất mà Hoa Kỳ có thể cung ứng.

Có giả thuyết cho rằng, trong mật nghị, Kennedy đã yêu cầu phải công khai tiết lộ những hoạt động của *Majestic 12*. Một số người tin rằng sự thách thức đó đối với uy quyền của *Majestic 12* khiến Kennedy bị ám sát. Phải chăng tổ chức bí mật về đĩa bay của Hoa Kỳ đã đứng phía sau vụ ám sát Kennedy? Họ cố che đậy những bí mật gì? Câu trả lời có thể được tìm thấy trong một cuộc hành quân thu hồi đĩa bay nguy hiểm nhất được báo cáo.

2.6 Người Hành Tinh ở Fort Dix

Đó là ngày 18/1/1978 tại Căn Cứ Fort Dix, tiểu bang New Jersey.

Một nhân chứng với bí danh Jeffrey Morse báo cáo nhìn thấy một chục đĩa bay sáng chói lơ lửng bên trên căn cứ. Một sỹ quan tiểu bang liền đáp ứng báo cáo nói trên, nhưng ngay lúc ông đến cổng căn cứ, đèn mũi của xe cho thấy một người hành tinh thấp, da xám. Trong nỗi kinh ngạc, sỹ quan này bắn sáu phát đạn vào người hành tinh, và một phát vào một đĩa bay đang lơ lửng trên không.

Người hành tinh biến mất vào đêm tối. Một lúc sau, Morse tìm thấy người hành tinh nằm chết trên một phi đạo bỏ hoang giữa Căn Cứ Fort Dix và Căn Cứ Fort McGuire gần đó. Cả hai căn cứ lập tức được đóng cửa vì lý do an ninh.

Một đơn vị lạ đến nơi và cho chỉ huy trưởng căn cứ biết rằng họ tiếp quản nhiệm vụ kiểm soát tình hình. Đơn vị nầy được nói đã thu hồi thi thể người hành tinh và chuyên chở thi thể đó đến Căn Cứ Không Quân Wright-Patterson ở Ohio, địa bàn của *Hangar 18* khét tiếng (hình dưới). Nhiều người tin rằng đó là một cơ sở tồn trữ của những mảnh đĩa bay rơi được thu hồi ở Roswell và các hiện trường đĩa bay rơi khác.

Morse được lệnh trình diện ở Căn Cứ Wright-Patterson và bị hăm dọa sẽ bị đưa ra tòa án binh nếu có khi nào ông nói về biến cố nầy. Phải chăng đơn vị thu hồi đĩa bay rơi được phái đến Căn Cứ Fort Dix đã thực sự thu hồi một thi thể người hành tinh? Và nếu thế, tại sao họ giữ kín vụ khám phá lớn lao nầy với công chúng? Phải chăng họ bảo vệ chúng ta trước hiểm họa cận kề?

Nhiều chuyên gia tin rằng một tổ chức bí mật của chính phủ đã soán quyền kiểm soát đối với những cuộc hành quân thu hồi đĩa bay bị rơi. Phải chăng họ đang làm việc vì lợi ích riêng của họ, hay họ đang bảo vệ dân chúng khỏi một mối đe dọa của người hành tinh vô cùng nghiêm trọng và có khả năng đưa đến tình trạng hốt hoảng toàn diện?

2.7 Dayton, Texas

Đó là ngày 29/12/1980, tại Dayton, Texas.

Bitty Cash và Vicky Landrum (hình trên) đang lái xe dọc xa lộ bỗng nhiên một vật bay hình thoi sáng chói xuất hiện bên trên chiếc xe của họ.

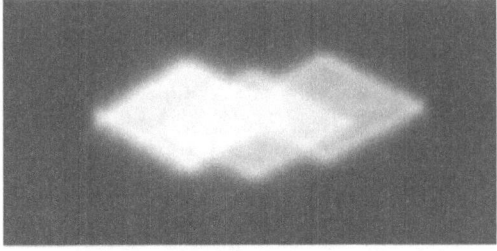

Họ dừng lại và ra khỏi xe để nhìn rõ hơn, nhưng họ bị gục ngã bởi một luồng sức nóng phát ra từ vật bay. Một lúc sau, không rõ từ đâu ra, một phi đội trực thăng chiến đấu không bảng số đột nhiên xuất hiện và bao vây đĩa bay. Những đĩa bay nầy lập tức biến mất. Đội trực thăng đuổi theo mà không cần để ý đến các nạn nhân bên dưới. Vài ngày sau, Bitty Cash và Vicky Landrum ngã bệnh. Họ cho thấy những vết phỏng nặng và bắt đầu rụng tóc. Các bác sỹ nghi ngờ họ bị nhiễm một hình thức phóng xạ *ion* (ionizing radiation). Biến cố nầy làm dấy lên một số câu hỏi đáng ngại. Phải chăng những phụ nữ nói trên là những nạn nhân của một cuộc tấn công có chủ đích của các đĩa bay? Những ai trong các trực thăng và tại sao họ đã bỏ mặc hai phụ nữ để đuổi theo con tàu của người hành tinh?

Nhiều chuyên gia tin rằng những đơn vị đáp ứng đĩa bay nầy là một phần của một chương trình bí mật của chính phủ đã có từ nhiều thập niên nhằm thụ đắc kỹ thuật người hành tinh để quân đội nghiên cứu và phát triển. Nhưng những người khác tin rằng họ phục vụ một mục đích hoàn toàn khác, và, nếu không có họ, nhân loại có thể trực diện với hủy diệt cận kề.

2.8 Đạo Luật Extraterrestrial Exposure Law

Trở lại biến cố đĩa bay rơi vào năm 1965 tại Kecksburg, Pennsylvania. Những nhân chứng báo cáo nhìn thấy những người mặc quần áo bảo hộ rời hiện trường và mang đi chiếc đĩa bay bị rơi (Xin xem mục "*2.4 Kecksburg, Pennsylvania*" bên trên). Clark McClelland, một cựu sỹ quan khoa học của

NASA, tuyên bố rằng cơ quan nầy đã trực tiếp dính líu đến biến cố đó vào năm 1965 tại Kecksburg, Pennsylvania.

Bốn năm sau, vào năm 1969, chính phủ Hoa Kỳ thông qua Đạo Luật *Extraterrestrial Exposure Law* (Luật Cấm Tiếp Cận Người Hành Tinh), xem hành động của mọi công dân là phi pháp nếu họ sờ mó hay đến gần bất kỳ... nhân viên, tàu không gian và những tài sản nào khác đã đi vào khí quyển của chúng ta từ ngoài không gian.

Đạo luật nầy được trình bày như là một biện pháp an ninh quốc gia nhằm ngăn ngừa trường hợp có thể lây nhiễm, và cho phép các cơ quan thu dọn được quyền cưỡng bách cô lập tức khắc bất kỳ ai vi phạm.

Phải chăng các đĩa bay thực sự đặt thành một rủi ro sức khỏe đáng kể cho công chúng hay có một nghị trình nào khác đang tiến hành?

2.9 Fort Indiantown, Pennsylvania

Đó là năm 1969.

Trung Sỹ Clifford Stone, một thành viên của toán đáp ứng khủng hoảng về vũ khí nguyên tử, sinh học, và hóa học thuộc quân đội Hoa Kỳ, được gọi vào để giúp điều tra cái mà bộ chỉ huy gọi là "một con tàu Xô Viết bị rơi" (a downed Soviet aircraft).

Khi đến gần con tàu kỳ lạ có hình viên thuốc, phóng xạ kế của Stone bỗng hoạt động mạnh với số đo phóng xạ cao. Một cánh cửa mở cho thấy một thân hình, nhưng điều đáng ngạc nhiên đối với Stone, đó không phải là một thân người trái đất. Đó là một người hành tinh.

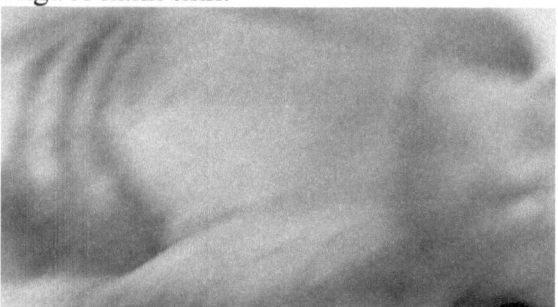

Vài lúc sau, Stone được lệnh rời khỏi hiện trường trong khi một toán đáp ứng khác thay thế. Biến cố đó đã khiến Stone phát động một chiến dịch trọn đời nhằm thâm nhập qua bức màn bí mật của chính phủ. Những khám phá của ông có thể vĩnh viễn thay đổi cách suy nghĩ của chúng ta về chính phủ Hoa Kỳ.

Từ nhiều thập niên chính phủ Hoa Kỳ đã bí mật tiến hành những vụ thu hồi đĩa bay bị rơi. Đạo Luật *Extraterrestrial Exposure Law* của năm 1969 ngăn chặn mọi công dân không được xem xét những con tàu được thu hồi, viện cớ nhiễm bệnh người hành tinh. Nhưng theo các nhà điều tra đĩa bay, như Clifford Stone, ngăn chặn bệnh phóng xạ hay truyền nhiễm bệnh chỉ là một mưu kế khác của chính phủ. Mục tiêu đích thực của họ là duy trì quyền kiểm soát toàn diện đối với mọi người hành tinh còn sống sót, tất cả vì một nỗ lực ngăn chặn việc tiếp xúc đầu tiên với công chúng. Và theo Stone, điều đó đã đặt thế giới trong một hiểm họa nghiêm trọng từ bên ngoài cũng như bên trong.

Tại Hội Nghị *NASA Department of Astrobiology Conference* vào năm 2000, một báo cáo đã được trình bày cho rằng NASA thực sự không biết phản ứng của thế giới sẽ như thế nào đối với khả thể thông tin về đĩa bay và người hành tinh được tiết lộ đầy đủ. Nếu có vấn đề gì thì đó sẽ là một vấn đề sinh tử. Lý do không phải vì người hành tinh nguy hiểm mà vì chúng ta là một hiểm họa cho chính chúng ta.

Chính cá nhân Robert Salas (hình trên), một đại úy Không Quân hồi hưu, đã ý thức được hiểm họa đó. Tại buổi điều trần *Citizen Hearing on Disclosure* vào năm 2013, Salas đã đứng ra làm chứng về một biến cố xảy ra tại Căn Cứ Không Quân Malmstrom và năm 1969.

Lúc bấy giờ ông và các nhân viên quân sự khác chứng kiến một đĩa bay vô hiệu hóa từ xa 10 hỏa tiễn nguyên tử. Đĩa bay đó lơ lửng bên trên căn cứ vài phút trước khi biến mất, và sau đó cho các hỏa tiễn đó hoạt động trở lại. Salas tin đó là một cảnh cáo, và cũng tin rằng chính phủ và quân đội có một nghị trình bí mật nhằm bưng bít sự hiện hữu của người hành tinh. Đó không phải vì lợi ích chung.

Ông cho biết:

There is a small group of individuals inside the government and outside the government that are controlling this phenomenon.

(Có một nhóm nhỏ những cá nhân bên trong chính phủ và bên ngoài chính phủ đang kiểm soát hiện tượng nầy.)

Đối với Robert Salas, một đại úy Không Quân hồi hưu, tất cả cho thấy một sự thật căn bản.

It is not about concern for public safety. That window passed a long time ago. This is such a complex thing that, these secrets are so powerful that the men that are controlling this, uh... I do think it's about power and greed.

(Đó không phải vì quan tâm đến an ninh công cộng. Cửa sổ đó đã đóng lại từ lâu rồi. Đây là một việc phức tạp vì những bí mật nầy rất có uy lực nên những người kiểm soát nó, uh... Tôi nghĩ đó là vấn đề quyền lực và lòng tham.)

CHƯƠNG VII

Thông Tin Ngoài Nguồn

Primary reference:
** Unsealed: Alien Files, American Television Series, Season 2, Episode 16. - Mary Carole McDonnell

(Phần lớn nội dung của chương nầy có thật. Có thể một số nội dung trong chương nầy đã được trình bày trong một chương trước đây hay một tập trước đây, nếu có phần nào được lặp lại ở chương nầy thì chỉ để bổ sung cho nội dung mới.)

"Một nỗ lực toàn cầu đã bắt đầu. Những hồ sơ bị bưng bít với công chúng từ nhiều thập niên, với nhiều chi tiết về đĩa bay, hiện đang được phơi bày cho mọi người. Chúng tôi sẽ phơi bày sự thật phía sau những tài liệu mật nầy. Hãy tìm hiểu xem những gì mà chính phủ Hoa Kỳ không muốn cho bạn biết. Unsealed: Alien Files sẽ phơi bày những bí mật lớn nhất trên Trái Đất."
- Mary Carole McDonnell

** *Unsealed: Alien Files* là một bộ phim truyền kỳ Mỹ được trình chiếu lần đầu vào năm 2011 ở Hoa Kỳ. Bộ phim nầy điều tra về những tài liệu liên quan đến các trường hợp nhìn thấy và đối tác với *UFO* (unidentified flying object) - vật bay lạ hay đĩa bay - được công khai với dân chúng vào năm 2011 dựa theo Đạo Luật *Freedom of Information Act*. Mỗi kỳ (episode) của bộ phim nầy xem xét những trường hợp *UFO* được nhìn thấy, những trường hợp bị người hành tinh bắt cóc, âm mưu bưng bít của chính phủ và tin tức *UFO* khắp thế giới.

1. Tổng Quát

Từ nhiều thập niên nay, những dân chính có quyết tâm cao đã cố chứng minh sự hiện hữu của người hành tinh, chấp nhận mọi rủi ro cho sự nghiệp và cuộc đời của họ. Từ nhiều thập niên, những chuyên gia về đĩa bay đã phối hợp những hệ thống chia xẻ thông tin, đột nhập các tin tức tình báo mật của các chính phủ.

Theo Steve Murillo (hình trên), khi các nhân chứng được những người y phục đen (hay hắc y khách) đến viếng, họ bị hạch hỏi, bị làm cho sợ hãi, hoặc cho tính mạng của họ hoặc cho sự an ninh của họ.

Chính phủ sẽ đi xa đến đâu để che đậy nghị trình của họ và đâu là cái giá mà những người cầm còi báo động phải trả để phơi bày nghị trình đó?

Chương nầy sẽ điều tra cuộc chiến đi tìm sự thật và những người hùng cảnh giới đấu tranh.

2. Nội dung chính

2.1 California

Monday, January 21, 2013 5:03 PM EST

UFO Sighting: LA Police Helicopter Accompanied by Strange Craft in Witness F [VIDEOS]

By Arlene Paredes

A **UFO sighting** witness from the west-central San Fernando Valley in Lo Angeles (CA) reported having photographed a strange craft with the L.A. helicopter while working on some practice shots.

Đó là tháng 4/2013.

Những con số kỷ lục của các vụ chứng kiến đĩa bay được ghi nhận khắp Hoa Kỳ. Chỉ riêng California có hơn 50 trường hợp chứng kiến những quả cầu sáng (glowing orbs) và những con tàu hình tam giác. Trong vòng 30 ngày, hơn 200 báo cáo tràn ngập khắp bảy tiểu bang.

Tổ chức đĩa bay *MUFON* (Mutual UFO Network) nằm trong tư thế báo động cấp ba (alert three status), tức trình độ cảnh báo cao nhất hiện nay. Quá nhiều vụ chứng kiến đĩa bay trong một giai đoạn ngắn như thế có thể là một dấu hiệu báo động đáng lo ngại. Nhưng nếu chính phủ Hoa Kỳ không điều tra hay báo động cho công chúng, thì ai sẽ làm việc đó? *MUFON* là tổ chức tư nhân lớn nhất của Hoa Kỳ về đĩa bay. Họ điều tra thay cho những cơ quan công quyền nào tuyên bố đại để như, "Không một ban ngành nào của Hoa Kỳ hiện dính líu đến việc điều tra các đĩa bay."

MUFON phái đi những nhân viên hiện trường để điều tra những báo cáo về đĩa bay. Antonio Paris (hình trên) đã chỉ huy nhiều cuộc điều tra của MUFON. Ông cũng đứng đầu tổ chức của chính ông trong toán *Aerial Phenomenon Investigations*.

Theo Paris, mục đích của toán nầy là điều tra những đĩa bay theo quan điểm từ gốc đến ngọn, nghĩa là nhìn vào những gì người ta báo cáo và cố xác định những gì họ đã nhìn thấy. Paris và toán của ông đã khám phá ra bằng chứng cho thấy những nhân chứng có nhiều điều để sợ hơn là việc tiếp xúc với người hành tinh.

2.2 Niagara Falls, Canada

Đó là ngày 14/10/2008.

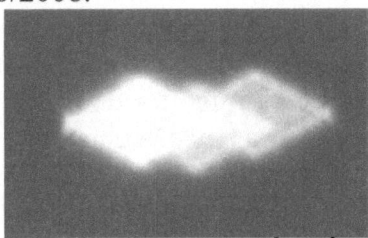

Các nhân viên của một khách sạn nổi tiếng ở Niagara Falls chứng kiến một vật bay hình tam giác lớn trên bầu trời. Vật bay nầy lơ lửng trên không một lúc và sau đó lặng lẽ biến mất, nhưng có lẽ cuộc chạm trán đáng ngại nhất chưa xảy ra vào lúc đó.

Theo Paris, nhân chứng đã liên lạc lại với toán của ông và nói rằng một vài tháng sau, khách sạn của họ được hai người lạ mặc lễ phục đen đến viếng, và hai người nầy đi vào khách sạn, hạch sách nhân viên khoảng 30 phút, và sau đó lặng lẽ bỏ đi. Những hắc y khách nầy là một nhóm người lạ hay một tổ chức thường đi lòng vòng đến những nơi người ta được nói đã nhìn thấy đĩa bay. Trong đa số các trường hợp, họ cố thu thập thông tin mà nhân chứng đã báo cáo. Đôi khi họ thực sự hăm dọa nhân chứng về thông tin đó, nhất là khi có một loại bằng chứng nào đó.
Những người bí ẩn nầy làm việc cho ai? Và có lợi gì khi hăm dọa các nhân chứng đĩa bay? Các nhân viên khách sạn mô tả hai hắc y khách như là đáng sợ, hầu như là người hành tinh

trong cách ứng xử. Viên quản đốc khách sạn báo cáo sự việc cho cảnh sát, nhưng họ không tiến hành điều tra.

Paris và toán của ông mổ xẻ câu chuyện. Những nhà điều tra độc lập như Antonio Paris đã từng phá vỡ những rào cản của bí mật do chính phủ thiết lập. Một thông tư bị rò rỉ của chính phủ cho thấy những cuộc điều tra dân sự đặt ra một đe dọa cho độc quyền điều tra đĩa bay của chính phủ.

Nhiều trường hợp được nói là chứng kiến đĩa bay được báo cáo... trực tiếp hay chỉ thông qua những nhóm đĩa bay không chính thức.

2.3 The Pixley Case

Đó là ngày 23/7/1956 tại Pixley, California.

Một vận tải cơ C-131 đang cất cánh từ Căn Cứ Không Quân Hamilton, bỗng nhiên bị đụng mạnh, tiếp theo là một tia chớp. Thiếu Tá Stenvers hoàn toàn bất tỉnh. Chiếc phi có lộn nhào xuống từ độ cao 9,000 feet. Sau đó Stenvers tỉnh lại kịp và kiểm soát tình thế. Ông đưa phi cơ ra khỏi tình trạng nhào lộn xuống đất và đáp khẩn cấp xuống một phi trường gần nhất.

Khi được báo chí địa phương phỏng vấn, Stenvers cho biết phi cơ của ông có vẻ như va vào một bức tường gạch. Câu

Chương VII: Thông Tin Ngoài Nguồn

chuyện nhanh chóng biến mất hoàn toàn trên báo, cho dù một phát ngôn nhân của Không Lực Hoa Kỳ xác nhận chiếc phi cơ... có vẻ như bị một cái gì đụng vào từ bên trên.
Phải chăng câu chuyện bị ém nhẹm vì chiếc phi cơ của Không Quân đã đụng phải một con tàu người hành tinh trên không?

2.4 Đĩa bay trên Washington DC

Đó là tháng 7/1952.
Những báo cáo về đĩa bay bắt đầu tràn ngập từ Nam Canada đến Texas. Chính phủ Hoa Kỳ phủ nhận mọi hiện tượng đĩa bay. Các nhóm dân chính buộc phải truy tìm sự thật xuyên qua một bức màn khói của những âm mưu bưng bít của chính phủ và bí mật. Nhưng một biến cố vào tháng 7/1952 gần như không thể phủ nhận.
Nhiều vật bay được các căn cứ quân sự phát hiện trên màn hình *radar* khắp thủ đô. Chúng họp thành đội hình và bay nhanh. Nhưng hiện tượng nầy đã chuyển từ màn hình *radar* nầy đến màn hình *radar* kia. Với một độ khá chắc chắn, nhưng hiện tượng đó là một.

Theo Bill Birnes (hình trên), vào tháng 7/1952, trong hai diệp cuối tuần liên tiếp, một phi đội đĩa bay đã xâm phạm không phận của thủ Đô Washington. Chúng bay bên trên trụ sở Quốc Hội. Chúng bay bên trên Ngũ Giác Đài. Chúng được hàng trăm người nhìn thấy. Chúng bị những phản lực cơ chiến đấu của Không Lực Hoa Kỳ truy đuổi. Chúng được các nhân viên kiểm soát không lưu nhìn thấy.

Và toàn bộ biến cố xảy ra trong hai cuối tuần liên tiếp đó đã được tường thuật trên tờ *Washington Post, New York Times*. Thậm chí ngày nay bạn vẫn có thể xem được những hình ảnh đĩa bay bên trên trụ sở Quốc Hội trong các kho lưu trữ hình ảnh.

Các nhân chứng mô tả những đĩa bay như là những quả cầu sáng, bay với vận tốc khó tin, để lại phía sau một lằn khói trắng. Một đại tá Không Quân xác nhận các phi công phản lực đã và đang được lệnh điều tra những vật bay lạ nếu họ không thể buộc chúng hạ cánh. Bất chấp sự kiện những phản lực cơ chiến đấu đang được triển khai nhanh, chưa có một trận đụng độ nào được ghi nhận.

2.5 Ủy Ban Robertson Committee

Tổng Thống Truman họp với một toán của Dự Án *Project Blue Book*. Cả một cuộc điều tra cũng chẳng thấy tiến hành, nhưng toán nầy đã cho TT Truman biết rằng những ánh sáng kỳ lạ và những đĩa bay được chụp hình không gì hơn là những biến thái của nhiệt độ, hiện tượng không khí nóng lên đang xảy ra bên dưới một tầng không khí lạnh hơn. Giải thích của Dự Án *Project Blue Book* bị mọi người đặt dấu hỏi. Phải chăng chính phủ của Truman bưng bít sự thật ngay cả với chính ông?

Vì không hài lòng với lối giải thích của Dự Án *Project Blue Book*, Truman đã thành lập Ủy Ban *Robertson Committee*. Vào lúc đó, sự hiện hữu cũng như những kết quả điều tra của họ đều được giữ kín với công chúng. Trong số những gì mà Ủy Ban *Robertson Committee* biết được, phải chăng có những nội dung đòi hỏi phải được tuyệt đối giữ kín? Và biết đến bao giờ những khám phá thực sự của họ mới được công khai với dân chúng?

Những đồn đãi bên trong về sự hiện hữu của ủy Ban *Robertson Committee* buộc Ủy Ban Quốc Gia Điều Tra về Hiện Tượng Không Gian (*NICAP* - National Investigations Committee on Aerial Phenomena) công khai yêu cầu được truy cập mọi tài liệu hiện có về đĩa bay. Những thành viên của *NICAP* bao gồm những sỹ quan cao cấp trong quân đội, trong số đó có Giám Đốc Donald Keyhoe.

Những người nầy không chỉ thách thức định chế, mà họ chính họ là định chế, và họ yêu cầu có câu trả lời.

Thông tin được giải tỏa cho thấy rằng chính phủ chính thức không tin rằng hiện tượng đĩa bay có thực. Phải chăng Ủy Ban *Robertson Committee* đi tìm câu trả lời hay đó chỉ là một màn khói nhằm duy trì một nghị trình bí mật của chính phủ về người hành tinh?

2.6 Donald Keyhoe trên truyền hình

Đó là ngày 22/1/1958. Vì được trang bị với bằng chứng mà ông tin sẽ phản chứng bản báo cáo của Ủy Ban *Roberson Committee*, Donald Keyhoe xuất hiện trên truyền hình để bàn thảo về hiện tượng đĩa bay. Keyhoe rất hùng hồn. Bằng chứng hiện có dứt khoát cho thấy rằng đĩa bay là những cỗ máy nằm dưới sự điều khiển của một chủng loại thông minh người hành tinh. Nhưng, khi Keyhoe nỗ lực nói với thế giới những gì ông biết, ban điều hành truyền hình cắt mất phần âm thanh của chương trình phát hình trực tiếp. Một nhân viên điều hành truyền hình giải thích,

Chương VII: Thông Tin Ngoài Nguồn

This program has been carefully cleared for security reasons.
(Chương trình nầy bị xóa một cách cẩn thận vì lý do an ninh.)

Keyhoe cố nói gì với công chúng?

Về sau cũng trong năm đó, Keyhoe xuất hiện trên Đài *ABC* cùng với Mile Wallace để, một lần nữa, phơi bày bằng chứng về sự bưng bít được báo cáo của chính phủ về đĩa bay. Trong khi phát hình, Keyhoe tuyên bố không phải *CBS* đã kiểm duyệt ông trong kỳ phát hình trước đó. Ông cho biết chính Không Lực Hoa Kỳ đã cố bịt miệng ông.

Những người cầm quyền sẽ đi xa đến đâu để bưng bít sự thật về người hành tinh? Bí mật của chính phủ chung quanh việc tiếp xúc với người hành tinh đã buộc những nhóm dân chính phải tự mình điều tra hiện tượng đó. Nhà hoạt động về hiện tượng đĩa bay Donald Keyhoe tố cáo Ủy Ban *Roberson Committee* của chính phủ như là một bình phong nhằm bài bác vấn đề đĩa bay, và tố cáo quân đội đã cố bịt miệng ông. Keyhoe công khai thách thức nhà cầm quyền và thách thức đó có thể đã khiến một người khác nhắm thẳng vào cộng đồng tình báo Hoa Kỳ (American Intelligence Community) - tức Cơ Quan Tình Báo Trung Ương *CIA*.

2.7 Tổ chức Ground Saucer Watch (GSW)

Tổ chức *Ground Saucer Watch* (GSW) được thành lập như là một nhóm hành động nhỏ về đĩa bay, đứng đầu với William Spaulding, một kỹ sư ở Arizona.

Spaulding điều tra một tổ chức nghiên cứu của chính phủ được nói đã khám phá được kỹ thuật của người hành tinh từ một hiện trường đĩa bay rơi vào năm 1953 ở Kingman, tiểu bang Arizona. Spaulding tuyên bố có hai bản tự khai có ký tên từ ban nhân viên của Không Quân, những người đã lái xe 4 tiếng lên miền Bắc Phoenix trong đêm để điều tra một con tàu hình đĩa bị chôn vùi một nửa dưới đất.

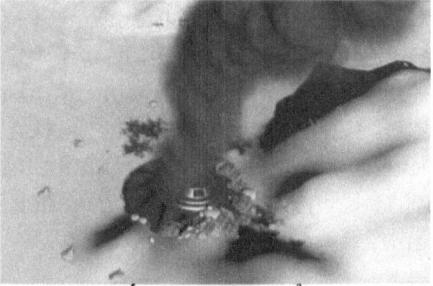

Họ cho biết đã nhìn thấy hai thi thể người hành tinh cao 4 *feet* với cái đầu lớn và da màu nâu nhạc được tìm thấy trong phòng lái.

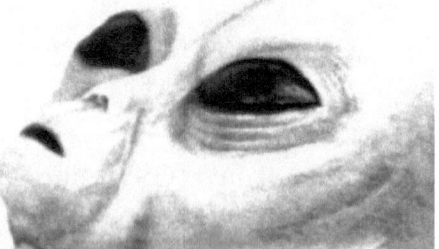

Spaulding đã vận động chính phủ nhiều năm nhằm truy cập thông tin về vụ rơi đĩa bay ở Kingman. Những nỗ lực của ông không có kết quả. Bức màn an ninh quốc gia sẽ ngăn cản ông và những chuyên gia khác về đĩa bay đến bao lâu nữa trong nỗ lực truy cập những tài liệu mật? Một chuỗi biến cố có vẻ khó xảy ra sẽ hé mở ra một vài thoáng trong sáng của chính phủ.

Sau ngày xảy ra vụ tai tiếng Watergate, một Richard Nixon hổ thẹn bị buộc phải từ chức tổng thống. Dân chúng Hoa Kỳ ngơ ngác đứng nhìn trong khi một lãnh tụ dân cử bị truất phế và nội các của ông bị giải tán. Để chinh phục lòng ti của dân chúng trở lại, Quốc Hội đã thông quan Đạo Luật *Privacy Act* dưới sự lãnh đạo của Tổng Thống Gerald Ford. Yêu cầu của Spaulding về tìm hiểu sự thật bấy giờ gặp một thuận lợi đáng kể. Ông được phép truy cập những tài liệu mật mà Cơ Quan Tình Báo Trung Ương Hoa Kỳ *CIA* đã từ chối ông quá lâu. Những gì Spaulding phát hiện đã làm ông kinh ngạc tận xương sống.

2.8 The Durant Report

Chính phủ vẫn công khai tuyên bố đĩa bay không đáng để điều tra, nhưng lại bí mật theo dõi các nhóm điều tra dân chính đang truy tìm sự sống của người ngoài trái đất. Theo quan niệm của chính phủ, những tổ chức như thế nên được theo dõi, vì họ có thể có một ảnh hưởng lớn đối với dư luận quần chúng nếu những trường hợp chứng kiến đĩa bay xảy ra lan tràn.

Nếu người hành tinh không hiện hữu, thì tại sao chính phủ rình rập những người đi tìm sự thật? Thư ký của Ủy Ban *Robertson Committee* đồng thời là tác giả của Bản Báo Cáo *Durant Report* chính là Frederic Durant, một nhân viên *CIA*.

Người ta đã phát hiện ra rằng cả Durant lẫn Ủy Ban *Robertson Committee* đều có nhiệm vụ không phải để điều tra bằng chứng mà để thiết lập một phương thức nhằm bài bác những tuyên bố chứng kiến đĩa bay. Kết luận của Bản Báo Cáo *Durant Report* làm dấy lên một câu hỏi then chốt: Tại sao cộng đồng tình báo Hoa Kỳ - tức *CIA* - đã đi những bước lớn đến thế để bài bác các hiện tượng đĩa bay nếu họ tin chắc đó chỉ là hư cấu?

2.9 William Spaulding

Vào năm 1977, với hậu thuẫn của nhóm *Citizens Against UFO Secrecy Group* (Các công dân chống lại âm mưu bưng bít đĩa bay), William Spaulding đã đệ đơn kiện *CIA* về tội vi phạm Đạo Luật Tự Do Thông Tin (Freedom of Information Act); và ông thắng. *CIA* bị buộc phải giải mật hơn 9,000 trang của các hồ sơ đĩa bay, những hồ sơ mà họ đã từng nhiều lần khẳng định là họ ông có. Giữa những hồ sơ này là một số phiên bản đã được "sát trùng" liên quan đến Báo Cáo *Durant Report* lẫn Ủy Ban *Robertson Committee*. Những hồ sơ *CIA* phơi bày một chính sách có hệ thống nhằm (i) nhạo báng các nhân chứng và những người điều tra, (ii) những chiến thuật rình rập, hăm dọa, và kiểm soát thông tin công cộng về đĩa bay.

Nếu có ai nghi ngờ chuyện chính phủ xem trọng công việc điều tra đĩa bay, thì những hồ sơ giải mật của *CIA* cho thấy chúng hết sức nghiêm trọng. Tại cuộc điều trần *Citizen*

Hearing năm 2013 ở Washington DC, Richard Dolan nhìn vào một thế giới hậu giải mật và cái giá mà các nhà điều tra dân chính về đĩa bay đã bị buộc phải trả.

Dolan phát biểu, xuyên qua những tổ chức thông tin hàng đầu của chúng ta, trong đó niềm tin cởi mở về sự hiện hữu của đĩa bay chỉ như một đường rầy thứ ba đối với sự nghiệp của họ - hiện tượng đó đương nhiên cũng hiển thị xuyên suốt định chế khoa học của chúng ta, đồng thời xuyên suốt cơ cấu chính trị của chúng ta. Tất cả những định chế nầy cũng như những định chế khác đều xem đề tài đĩa bay không gì hơn là một trò đùa, một cái gì chỉ thích hợp cho những đầu óc chưa trưởng thành. Có thể nào các giáo sư khắp Hoa Kỳ đồng loạt bác bỏ hiện tượng nầy mà không có một cấu kết nào đó của cộng đồng tình báo - tức của *CIA*? Phải chăng đó là liên quan hữu cơ của thế giới khoa học, chính trị, và truyền thông?

2.10 Những sỹ quan người hành tinh

Cuộc chiến bất tận nhằm phơi bày sự thật về người hành tinh đã trở thành tân tiến hơn và nguy hiểm hơn. Những người cầm còi báo động thường liều mạng đưa sự thật ra ánh sáng.

Vào năm 2002, Gary McKinnon (hình trên) đã đột nhập vào một trong những hệ thống nhạy cảm nhất của hạ tầng tình báo Hoa Kỳ. Những gì ông phát hiện đã gây kinh ngạc cho thế giới.

Theo John Greenewald Jr. (hình dưới), Gary McKinnon là một tay tin tặc vi tính đồng thời là một chuyên gia độc lập về đĩa bay người Anh được nói đã đột nhập vào các hệ thống điện toán của Cơ Quan *NASA* và phát hiện bằng chứng cho thấy cơ quan nầy đã tích cực bưng bít sự hiện diện của người hành tinh và thực tại của các hiện tượng đĩa bay.

Một trong những tài liệu mà ông nói đã nhìn thấy mang tựa đề, "*The Non-terrestrial Officers*" (những sỹ quan ngoài trái đất), có liệt kê cả một nhóm nhân viên ít ỏi không thuộc trái đất đang phục vụ tại *NASA* (hình dưới).

Non-Terrestrial Officer Initia

Reell	Jordam	Nuclear Engineer
	Bredriam	Nuclear Equipment Operat
Lams	Maniel	Nuclear Fuels Research En
		Nuclear Medicine Technolog
		Nuclear ... toring Technicia

Vấn đề là: điều đó có nghĩa là gì? Phải chăng nhóm từ *Non-terrestrial Officers* ám chỉ những nhân viên đến từ một thế giới khác? Và nếu thế, họ đang ở đâu, và họ đang làm gì? Một số chuyên gia tin rằng sự tham chiếu những nhân viên không thuộc trái đất là bằng chứng của một lý thuyết lâu đời cho rằng có một căn cứ bí mật ở phía tối của mặt trăng. Nếu cuối cùng bị nhận diện và bị bắt, Gary McKinnon có thể lãnh án tù 70 năm về tội vi phạm đạo luật *Secrecy Act* của Hoa Kỳ.

Phải chăng McKinnon, một chuyên gia độc lập về đĩa bay, đã phát hiện bằng chứng cho thấy chính phủ Hoa Kỳ không những đã tiếp xúc với người hành tinh mà còn trao đổi thường xuyên với người hành tinh? Nếu không có những nỗ lực của McKinnon, thì công chúng vẫn không hề hay biết gì về những nhân viên giả định người hành tinh được cơ quan chính phủ Hoa Kỳ thuê mướn.

Theo Richard Dolan, chúng ta là những người thay đổi trò chơi (game changers). Một ngày kia, và ngày đó không xa trong tương lai, một cái gì đó sẽ buộc một người nào đó phải hành động.

Ai sẽ là công dân kế tiếp phải liều mọi thứ và phơi bày sự thật? Người đó sẽ là bạn?

CHƯƠNG VIII

Mặt Trời và Người Hành Tinh

Primary reference:
** Unsealed: Alien Files, American Television Series, Season 2, Episode 17. - Mary Carole McDonnell

(Phần lớn nội dung của chương nầy có thật. Có thể một số nội dung trong chương nầy đã được trình bày trong một chương trước đây hay một tập trước đây, nếu có phần nào được lặp lại ở chương nầy thì chỉ để bổ sung cho nội dung mới.)

"Một nỗ lực toàn cầu đã bắt đầu. Những hồ sơ bị bưng bít với công chúng từ nhiều thập niên, với nhiều chi tiết về đĩa bay, hiện đang được phơi bày cho mọi người. Chúng tôi sẽ phơi bày sự thật phía sau những tài liệu mật nầy. Hãy tìm hiểu xem những gì mà chính phủ Hoa Kỳ không muốn cho bạn biết. Unsealed: Alien Files sẽ phơi bày những bí mật lớn nhất trên Trái Đất."
- Mary Carole McDonnell

** *Unsealed: Alien Files* là một bộ phim truyền kỳ Mỹ được trình chiếu lần đầu vào năm 2011 ở Hoa Kỳ. Bộ phim nầy điều tra về những tài liệu liên quan đến các trường hợp nhìn thấy và đối tác với *UFO* (unidentified flying object) - vật bay lạ hay đĩa bay - được công khai với dân chúng vào năm 2011 dựa theo Đạo Luật *Freedom of Information Act*. Mỗi kỳ (episode) của bộ phim nầy xem xét những trường hợp *UFO* được nhìn thấy, những trường hợp bị người hành tinh bắt cóc, âm mưu bưng bít của chính phủ và tin tức *UFO* khắp thế giới.

1. Tổng Quát

Mặt trời là một lò năng lượng bao la trên một quy mô hầu như thách thức mọi sức tưởng tượng. Và đó là nguồn gốc của mọi sự sống trên trái đất. Nhưng những gì sẽ xảy ra nếu nguồn năng lượng đó bị thao túng?

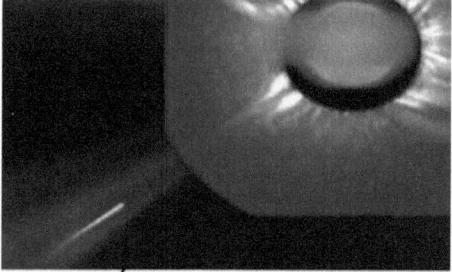

Gần đây, thế hệ trẻ nhất của kỹ thuật quan sát mặt trời đã cho thấy một hiện tượng đáng kinh ngạc. Các đĩa bay đã được nhìn thấy bay gần hơn đến mặt trời ngoài sức tưởng tượng, và thậm chí đã lao thẳng qua bề mặt để đi thẳng vào bên trong sôi sục lửa của mặt trời.

Chương VIII: Thao Túng Mặt Trời

Theo John Greenewald Jr. (hình trên), đương nhiên đây không phải là một màn biểu dương sức mạnh, vì, thẳng thắn mà nói, chúng ta sẽ thua nếu đó quả thực là một màn biểu dương sức mạnh.

Sự xuất hiện của những vật bay nầy thường được theo sau bởi những biến cố bùng nổ trên mặt trời. Có thể những biến cố nầy có những hậu quả tai họa. Phải chăng những đĩa bay thực sự đang viếng mặt trời của chúng ta, và nếu thế, điều đó có nghĩa là gì đối với trái đất?

Chương nầy sẽ cho thấy sự hiện diện của người hành tinh trên mặt trời.

2. Nội dung chính

2.1 Vệ tinh *Stereo-A* của *NASA*

Đó là ngày 21/12/2011.

Vệ tinh *Stereo-A* của *NASA* là một trong hai vệ tinh được phóng vào năm 2006 để theo dõi hoạt động của mặt trời, thu thập một lượng phóng xạ và năng lượng khổng lồ từ mặt trời.

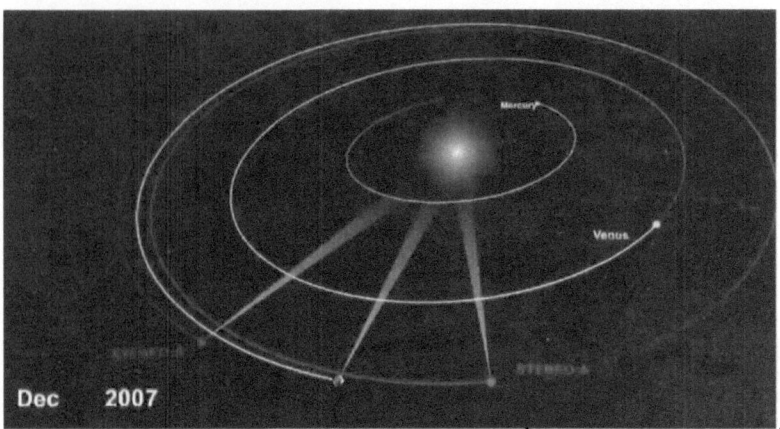

Những lượng phóng xạ và năng lượng nầy đôi khi đủ lớn để đi đến trái đất. Từ trường (magnetic field) của hành tinh chúng ta là thực thể duy nhất đứng giữa chúng ta và sức tàn phá hỏa thiêu của mặt trời.

Các hình ảnh không gian được tải lên Internet. Một khách dùng YouTube với bí danh "*siniXster*" xem xét những hình ảnh đó và phát hiện một hiện tượng đầy ngạc nhiên. Một trong những đợt bùng nổ của mặt trời cho thấy một vật kỳ lạ hình chữ nhật lơ lửng trong không gian gần hành tinh *Mercury*. Hình thù tổng quát của nó có một vẻ tương tự đầy ngạc nhiên với những mảng năng lượng mặt trời (solar panels) gắn trên các vệ tinh và những trạm không gian của *NASA*.

Nhưng không có một tàu không gian nào trong khu vực đó lúc bấy giờ; do đó vật bay gần Mercury có thể là một đĩa bay thực sự. SiniXster phổ biến những nhận định của ông trên một trang video phổ thông, tạo nên một cảm ứng tức thì nơi những chuyên gia về đĩa bay cũng như những khoa học gia. Nhưng đó không phải là loại quan tâm mà *NASA* trông đợi.

2.2 Bưng bít *Stereo*

NASA tuyên bố con tàu bí ẩn nói trên thực ra chỉ một khối sáng mặt trời (solar filament), một tia hơi khổng lồ phóng ra từ mặt trời. Bất chấp giải thích "khoa học" nầy, sau đó *NASA* đột ngột ngưng phổ biến những hình ảnh của vệ tinh *Stereo-A*. Trong một tuyên bố, *NASA* giải thích rằng vệ tinh *Stereo-A* đã đi vào giai đoạn mệnh danh là *"Emergency Sun Reacquisition Mode"* và họ đang tìm cách phục hồi vệ tinh nầy trở lại hoạt trình bình thường. Tại sao *NASA* ngưng phổ biến những hình ảnh của *Stereo* một ngày sau khi chiếc đĩa bay gần Mercury được phát hiện với thế giới? Phải chăng những "khó khăn kỹ thuật" vừa nêu trên của *NASA* chỉ là một trùng hợp ngẫu nhiên? Hay họ đang tiến hành việc nghiên cứu của chính họ về vật bay đó mà không cho dân chúng biết?

2.3 Trạm không gian người hành tinh gần mặt trời

Đó là tháng 4/2012.

trong khi các khoa học gia tại Đài Thiên Văn *Solar and Heliospheric Observatory* (SOHO) của *NASA* đang xem xét những hình ảnh chụp trong một nghiên cứu gần đây về hoạt động của mặt trời bỗng nhiên họ phát giác một hiện tượng bất thường. Đó là một vật khổng lồ trông giống như một cánh tay và không giống bất kỳ cái gì xảy ra một cách tự nhiên trong không gian. Và khi tra cứu kỹ hơn, vật đó có một tương tự kỳ lạ với một trạm không gian (space station).

Tin tức về sự khám phá nầy nhanh chóng lan rộng khắp thế giới. Các chuyên gia sửng sốt, không chỉ vì kích thước không lồ của vật vây, mà còn vì khả năng của nó có thể duy trì được độ vẹn toàn cấu trúc gần sát với trung tâm nóng chảy của Thái Dương Hệ. Trạm không gian của người hành tinh ước tính chỉ cách mặt trời nóng bỏng có 400,000 miles. Tại khoảng cách đó, ngay cả *titanium* cũng nóng chảy. Không một kim loại quen thuộc nào có thể chịu nổi sức nóng cao độ như thế. Và sức nóng không phải là hiểm họa duy nhất mà mặt trời đặt ra. Mặt trời phát ra bức xạ cực mạnh có thể khiến những sứ mạng dài ngày bên trong 1.3 triệu miles gần như không thể thực hiện được trong một con tàu được chế tạo với bất kỳ loại vật liệu nào quen thuộc.

Con tàu nhân tạo đến gần mặt trời nhất từ trước đến nay là phi thuyền không người lái *Helios-2* (hình trên) - cách mặt trời 26 triệu miles. Nếu vật bay thực sự là một trạm không gian của người hành tinh, thì đó là sản phẩm của một kỹ thuật tân kỳ, hầu như vượt xa mọi hiểu biết của con người.

Nhưng tại sao người hành tinh lại quan tâm đến mặt trời của chúng ta? Phải chăng họ đang du hành thám hiểm? Hay họ có một nghị trình nào khác? Gần đây những vệ tinh và viễn vọng kính của *NASA* đã phát hiện những đĩa bay khổng lồ trong vùng phụ cận của mặt trời. Những đĩa bay đó được nhiều thành viên của dân chúng phát hiện qua những hình ảnh trên Internet. Nhưng từ đó *NASA* đã hạn chế truy cập vào kho tư liệu của họ. Phải chăng họ cố bưng bít sự hiện diện của các đĩa bay gần mặt trời? Và nếu những đĩa bay ở đó thì chúng đang làm gì? Có thể những hoạt động của chúng đặt ra một hiểm họa cho trái đất?

2.4 Biến cố mất điện

Đó là ngày 9/11/1965 ở Đông Bắc Mỹ.

Hàng trăm người ở Đông Bắc Mỹ nhìn thấy một vật bay sáng mà một số người mô tả như một quả cầu lửa hình vòm phóng qua bầu trời. Cùng lúc đó, một phi cơ nhỏ bay gần Tidioute, Pennsylvania, bị hai đĩa bay đuổi theo. Các phản lực cơ của Không Quân cất cánh để tiếp cứu chiếc phi cơ bị đuổi. Họ tác xạ vào các đĩa bay, chỉ để nhìn thấy chúng biến mất với một vận tốc khó tin. Trong vòng một tiếng, đĩa bay đã phát tán sợ hãi khắp vùng đông bắc. Nhưng ngay cả biến cố nầy cũng sẽ bị lu mờ bởi một biến cố xảy ra sau đó.

Ngay sau 5:00 giờ chiều, giờ miền đông, một vụ mất điện bao la xảy ra tại miền đông bắc Mỹ và Canada, khiến 30 triệu người không có điện suốt gần 13 tiếng.

Bên trong hậu trường, biến cố nầy khởi động hệ thống tối mật mang tên *Mount Weather Emergency Facility* ở Virginia. Đó là một hệ thống ngầm dưới đất để bảo vệ Tổng Thống trong trường hợp bị tấn công bằng nguyên tử. Cuối cùng, nguyên nhân vụ mất điện được quy cho sai lầm kỹ thuật về phía các công nhân điện lực.

Nhưng dựa trên những loạt chứng kiến đĩa bay gần mặt trời gần đây, một số chuyên gia hiện có một giải thích rất khác về những gì đã xảy ra, và họ bắt đầu với cách thức mặt trời bốc cháy.

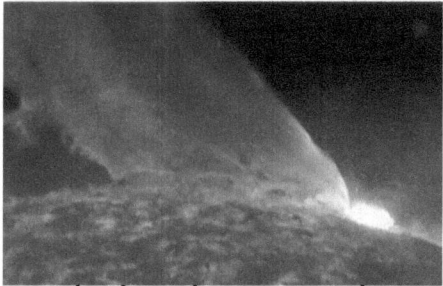

Mặt trời là một khối cầu phần lớn bao gồm khí *hydrogen* và *helium*, được kết hợp với nhau do sức hút mãnh liệt của trọng tâm mặt trời, khiến nổ ra một lượng bức xạ thường xuyên, theo một tiến trình mang tên *nuclear fusion* (phản ứng tổng hợp hạt nhân). Một trong những phó sản của phản ứng nầy là chất *Helium-3*, một chất vô hình rải rác khắp Thái Dương Hệ do gió mặt trời (solar winds).

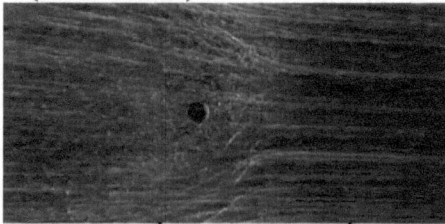

Bầu khí quyển của trái đất ngăn cản chất *helium-3* rơi xuống mặt đất, nhưng mặt trăng không có bầu khí quyển. Mặt trăng liên tục bị một làn sóng *helium-3* oanh tạc từ nhiều tỉ năm.

Và một số chuyên gia tin rằng chẳng bao lâu nữa lượng tích trữ không lồ nầy có thể là nguyên nhân của cuộc xung đột đại quy mô sắp đến của thế giới. Nhiều khoa học gia tin rằng, một ngày nào đó, chất *helium-3* có thể được xử dụng trong những lò phản ứng tổng hợp hạt nhân trên trái đất. Quốc gia nào kiểm soát được nguồn *helium-3* của mặt trăng, nột ngày nào đó, có thể kiểm soát được cả thế giới.

NASA cũng đang nghiên cứu *helium-3* như một nhiên liệu tiềm năng cho các con tàu không gian chạy năng lượng phản ứng hạt nhân có khả năng du hanh 10 lần nhanh hơn bất kỳ kỹ thuật nào hiện nay. Biết đâu những đĩa bay xoay quanh mặt trời có thể đến đó để thu thập số lượng *helium-3* dồi dào để nạp năng lượng cho các con tàu không gian của họ?

Về mặt lý thuyết, những đĩa bay vận hành theo lối nầy sẽ phát ra một từ trường cực mạnh; và một số chuyên gia hiện tin rằng chính loại từ trường nầy đã phá hỏng hệ thống điện ở miền đông bắc, khiến xảy ra vụ mất điện bao la vào năm 1965. Phải chăng đĩa bay là nguyên nhân làm tê liệt các lưới điện của chúng ta?

Một số chuyên gia có một giả thuyết rất khác về lý do tại sao các đĩa bay đến viếng mặt trời, một giả thuyết có thể vén bức màn đang bao phủ cái mệnh danh là âm mưu bao la của *NASA* (widespread *NASA* conspiracy) nhằm giữ kín sự hiện diện của đĩa bay với công chúng.

2.5 The Sun Divers

Đó là tháng 1/2010.

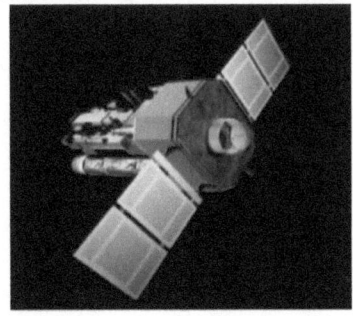

Cặp vệ tinh *Stereo* của *NASA* - cũng chính là hai con tàu đã thu hình đĩa bay xuất hiện gần hành tinh Mercury vào năm 2011 - gởi về một loạt hình ảnh đáng ngạc nhiên về những đĩa bay khổng lồ có kích thước lớn bằng trái đất, không những gần với mặt trời một cách nguy hiểm, mà còn lao thẳng vào bên dưới bề mặt nóng bỏng của mặt trời, rồi sau đó phóng vào không gian từ bên trong mặt trời.

Thông thường những vật bay lớn như thế và khoảng cách gần như thế với một tinh tú sẽ nhanh chóng bị tinh tú nầy kéo vào bên trong và bị tiêu diệt. Nhưng những vật bay nầy có vẻ như thách thức một trong những lực mãnh liệt nhất của vũ trụ một cách dễ dàng. Những tấm hình tạo nên một náo động tức thời trong cộng đồng đĩa bay, khiến họ đòi hỏi câu trả lời.

NASA trả lời,

The central data recorder... that stores all the playback data from all the missions... failed... resulting in the photographic anomalies.

(Bộ phận dữ liệu trung ương... co nhiệm vụ tồn trữ tất cả những dữ liệu phát của tất cả mọi sứ mạng... đã bị hỏng... đưa đến những dị chứng về hình ảnh.)

NASA phủ nhận những đĩa bay lao vào mặt trời, cho đó chỉ là một trục trặc kỹ thuật. Nhưng sau đó, trong một động thái bất ngờ, *NASA* bôi xóa mọi vết tích chính thức trong các tấm hình trên Internet, không một lời giải thích. Tại sao *NASA* lại nhanh chóng kiểm duyệt các hình ảnh mà họ xem là vô giá trị? Họ cố che đậy những gì? Và những trò ảo thuật nầy còn tiếp tục cho đến bao giờ? Câu trả lời có thể nằm trong một thời điểm quyết định tại một trong những nền văn minh lớn nhất của lịch sử.

2.6 Hoàng Đế Akhenaton

Bằng chứng hình ảnh gần đây cho thấy các đĩa bay đã bay gần mặt trời hơn bao giờ hết. Một số chuyên gia tin rằng mặt trời có thể là một nguồn năng lượng của người hành tinh. Những người khác nghĩ rằng mối liên quan giữa người hành tinh và mặt trời đã có từ hàng ngàn năm trước. Nhiều nền văn hóa cổ tôn thờ mặt trời. Nhưng một vì vua đã đưa sự thờ phượng đó lên một trình độ hoàn toàn mới. Đó là Akhenaton, hoàng đế Cổ Ai Cập giữa thế kỷ 14 trước Tây Nguyên, đồng thời là chồng của Hoàng Hậu Nefertiti huyền thoại. Vào thời ông lên ngôi, người Cổ Ai Cập tôn thờ một loạt những nam thần và nữ thần, mỗi vị thần gắn liền với một phương diện của đời sống hằng ngày.

Nhưng Akhenaton thay thế tất cả những vị thần nầy bằng một vị thần duy nhất, Thần Mặt Trời Aten, và ra lệnh mọi người phải tôn thờ Aten và chính ông, Akhenaton, mà thôi.

Theo Tom Durant (hình dưới), điều đáng chú ý về thần Aten là người Cổ Ai Cập có hữu thể uy quyền nầy dường như không biết từ đâu ra, thay thế hệ thống đa thần gồm những vị thần cũ của Ai Cập, và soán ngôi rồi ban phước cho Akhenaton.

Tại sao Aten chọn Akhenaton, và tại sao Akhenaton quyết định thay đổi toàn bộ một hệ thống tín ngưỡng đã có hàng ngàn năm, chỉ trong nháy mắt?

Đó là một đoạn tuyệt đầy ngạc nhiên với hàng ngàn năm truyền thống tôn giáo. Nhưng đây không phải là điều đáng chú ý duy nhất về Hoàng Đế Akhenaton. Có một liên quan nào đó giữa ông và vị thần Mặt Trời nầy. Và nếu chúng ta tin vào ý tưởng cho rằng Aten là một loại hữu thể người hành tinh, thì có lẽ Akhenaton thực sự là hậu duệ của Aten.

Suốt hàng ngàn năm, những hoàng đế Ai Cập được mô tả trong nghệ thuật theo một lối rất tương tự. Nhưng Akhenaton lại khác một cách đáng ngạc nhiên. Sọ và những nét mặt của ông kéo dài hẳn ra; hình dạng cơ thể của ông không giống bất

Chương VIII: Thao Túng Mặt Trời

kỳ cái gì từng thấy trước đó hay sau đó. Nhiều chuyên gia đã cố giải thích những đặc điểm nầy như là hậu quả của bệnh tràn dịch não (*hydrocephalus*) hay hiện tượng thừa nước trong não.

Nhưng những chuyên gia về đĩa bay lại có một giả thuyết rất khác.

Cũng theo Tom Durant, Akhenaton là chồng của Nefertiti và là cha của Tutankhamen. Nhưng các lý thuyết gia về đĩa bay ngày nay gọi ông là Vua Người Hành Tinh (Alien King). Có một tương đồng kỳ lạ giữa vì vua cổ nầy với những mô tả của các nhân chứng hiện đại về người hành tinh.

Những bằng chứng xa hơn về mối liên quan giữa người hành tinh và người Ai Cập có thể được tìm thấy tại ngôi đền Seti ở Abydos, được xây cất 50 năm sau khi Akhenaton qua đời.

Trong ngôi đền Seti, người ta khám phá những chữ tượng hình (hieroglyphics) trên vách tường trông rất giống những máy bay. Phải chăng Thần Mặt Trời Aten là một người hành tinh? Và phải chăng Vua Akhenaton tôn thờ mặt trời thực sự là một người lai chủng người hành tinh? Nếu thế, những thừa kế của ông sẽ mang dòng máu người hành tinh trong huyết quảng. Biết đâu những con cháu của họ hãy còn đi trên trái đất ngày nay, và là một bằng chứng sống về một chủng loại người hanh tinh cổ xưa?

Theo các khoa học gia, tại trung tâm *DNA Genealogy Center (iGenea)* ở Thụy Sỹ, câu trả lời là : Đúng thế. Một nghiên cứu gần đây đã chứng minh rằng đến 70% đàn ông người Anh và một nửa những người đàn ông Tây Âu có bà con với Hoàng Đế Ai Cập Tutankhamen (hình trên). Điều đó có nghĩa là hơn 50% của tất cả những người đàn ông ở Tây Âu có thể có cùng một tổ tiên - đó là Hoàng Đế Mặt Trời Akhenaton lai chủng người hành tinh.

Một số chuyên gia về đĩa bay tin rằng người hành tinh đang xử dụng mặt trời như một trạm năng lượng cho các đĩa bay của họ.

Nhưng những hình ảnh mới do con tàu *Solar and Heliospheric Observatory* (SOHO) có thể nắm câu trả lời then chốt cho câu hỏi lớn nhất về đĩa bay của thời đại chúng ta. Đó là một lỗ to tướng xuất hiện trên bề mặt của mặt trời.

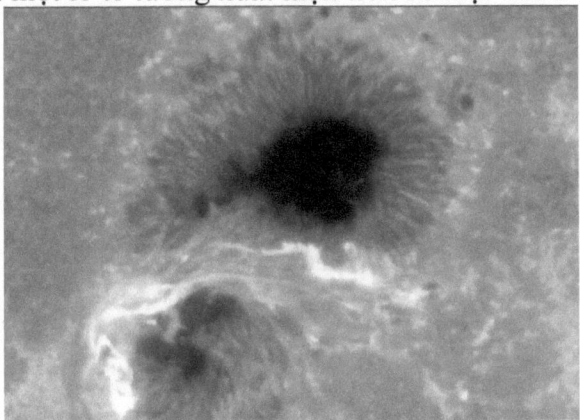

Một số chuyên gia nghĩ rằng lỗ nầy có thể là nơi mà những đĩa bay khổng lồ lao vào mặt trời rồi biến mất. Họ tin rằng cái lỗ đó thực sự là một cổng liên tinh tú (interstellar portal), qua đó những đĩa bay đi qua, trồi lên qua một cổng tương tự trong một tinh tú nào đó nằm tại một nơi nào khác trong thiên hà. Theo cách nầy, các đĩa bay có thể du hành những khoảng cách liên tinh tú bao la trong nháy mắt. Và với một ước tính 300 tỉ tinh tú trong Dải Ngân Hà không thôi, những nơi đến có thể có gần như vô hạn.

Nếu đúng như thế, thì một trong những nền văn minh cổ lớn nhất của trái đất có thể trực tiếp liên quan với người hành tinh từ một hệ tinh tú khác. Điều đó khiến một số chuyên gia tin rằng một ngày nào đó chúng ta có thể khám phá ra rằng quê hương thực sự của chúng ta dứt khoát không phải ở đây trên trái đất, mà đúng hơn ở một nơi nào khác trong một thiên hà nào đó phía bên kia của vũ trụ.

CHƯƠNG IX

Phân loại Đĩa Bay

Primary reference:
** Unsealed: Alien Files, American Television Series, Season 2, Episode 18. - Mary Carole McDonnell

(Phần lớn nội dung của chương nầy có thật. Có thể một số nội dung trong chương nầy đã được trình bày trong một chương trước đây hay một tập trước đây, nếu có phần nào được lặp lại ở chương nầy thì chỉ để bổ sung cho nội dung mới.)

"Một nỗ lực toàn cầu đã bắt đầu. Những hồ sơ bị bưng bít với công chúng từ nhiều thập niên, với nhiều chi tiết về đĩa bay, hiện đang được phơi bày cho mọi người. Chúng tôi sẽ phơi bày sự thật phía sau những tài liệu mật nầy. Hãy tìm hiểu xem những gì mà chính phủ Hoa Kỳ không muốn cho bạn biết. Unsealed: Alien Files sẽ phơi bày những bí mật lớn nhất trên Trái Đất."
- Mary Carole McDonnell

** *Unsealed: Alien Files* là một bộ phim truyền kỳ Mỹ được trình chiếu lần đầu vào năm 2011 ở Hoa Kỳ. Bộ phim nầy điều tra về những tài liệu liên quan đến các trường hợp nhìn thấy và đối tác với *UFO* (unidentified flying object) - vật bay lạ hay đĩa bay - được công khai với dân chúng vào năm 2011 dựa theo Đạo Luật *Freedom of Information Act*. Mỗi kỳ (episode) của bộ phim nầy xem xét những trường hợp đĩa bay được nhìn thấy, những trường hợp bị người hành tinh bắt cóc, âm mưu bưng bít của chính phủ và tin tức đĩa bay khắp thế giới.

1. Tổng Quát

Mỗi năm, hàng ngàn người khắp thế giới đã chứng kiến hoặc đối tác với các đĩa bay và người hành tinh, nhưng phần lớn những tin tức loại nầy đều bị bưng bít với công chúng. Phần lớn nhân loại nghĩ và nói về đĩa bay và người hành tinh như nghĩ và nói về những chuyện hoang đường hay khoa học giả tưởng. Đó là hậu quả của các âm mưu bưng bít nơi phần lớn các chính phủ trên trái đất dưới áp lực từ hai phía: Người hành tinh và các thế lực Do Thái quốc tế với sự đồng lõa của các chính quyền tay sai của họ, nhất là tại Hoa Kỳ.

Theo Dr. Roger Leir (hình trên), họ báo cáo cùng một loại con tàu, tức những con tàu hình điếu *cigar* thông lệ, hình đĩa, những con tàu mà bạn có thể nhìn xuyên suốt.

Chương IX: Phân Loại Đĩa Bay

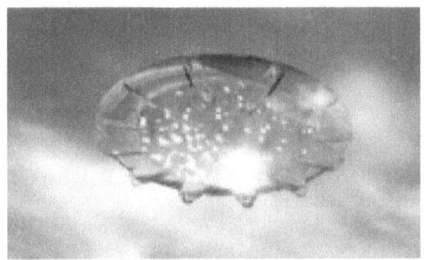

Những loại đĩa bay khác nhau đó là gì? Mục tiêu của chúng là gì? Công tác nghiên cứu và phân loại đĩa bay tượng trưng cho một biên giới mới của khoa học. Chương nầy sẽ điều tra những loại đĩa bay chính và chỏ thấy phần lớn những vụ chứng kiến đĩa bay có thể chỉ như đỉnh băng sơn.

2. Nội dung chính

2.1 Biến cố Lonnie Zamora

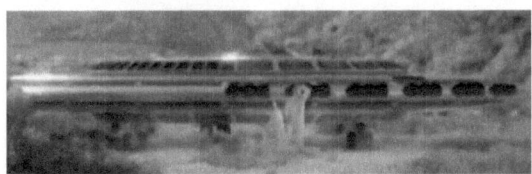

Đó là ngày 24/4/1964 tại Socorro, tiểu bang New Mexico.

Trong khi sỹ quan Lonnie Zamora đang rượt đuổi một chiếc xe chạy quá tốc độ, bỗng nhiên ông phát hiện một ngọn lửa khổng lồ lóe ra trên bầu trời gần một kho mìn địa phương, theo sau là một âm thanh gầm thét inh tai. Vì nghi ngờ một

vụ nổ, Zamora bỏ ngang vụ rượt đuổi trên xa lộ và lái vào sa mạc để điều tra. Ở đó, ông chạm mặt cận kề chưa từng thấy với một vật bay hết sức tinh xảo thuộc một trong những trường hợp chứng kiến đĩa bay đáng kể nhất được ghi chép trong lịch sử. Zamora phát hiện một vật lớn bằng kim loại mà mới thoạt nhìn có vẻ như là một chiếc xe hơi bị lật. Nhưng khi xem kỹ, đó có vẻ như bằng nhom, và có hình chữ "O."
Đứng gần đó là hai dáng người nhỏ trong bộ áo liền quần màu trắng mà ban đầu ông tưởng là những người lớn thấp hay có thể là trẻ con. Zamora ra khỏi xe để thẩm vấn hai nhân vật bí ẩn nầy. Bỗng nhiên, ông kinh ngạc với chính tiếng rú inh tai mà ông đã nghe trước đó vài phút. Một tia lửa phát ra từ bên dưới vật bay, phóng nó vào không trung. Vật bay phóng qua đầu ông và biến mất vào chân trời.
Sau khi biến cố xảy ra, Lonnie Zamora báo cho Cơ Quan Điều Tra Liên Bang *FBI* những mô tả chi tiết nhất của một đĩa bay trong hồ sơ. Các nhân viên *FBI* rất có ấn tượng về sự thành thực của ông, nhưng không thể giải thích những gì ông đã quan sát thấy.

Zamora mô tả một con tàu mà thế giới được biết như là một đĩa bay (flying saucer). Đó là một thuật ngữ do phi công Kenneth Arnold nghĩ ra trong năm 1947.

Arnold báo cáo đã nhìn thấy một nhóm vật bay hình đĩa trên bâu trời gần Núi Mount Rainier, Washington.

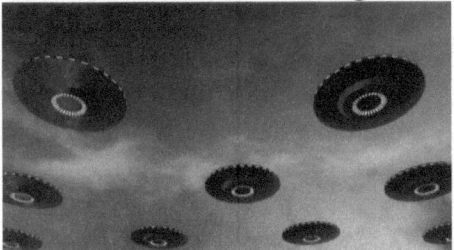

Viên phi công dày kinh nghiệm nầy ước tính tốc độ của các đĩa bay khoảng 1,700 miles/giờ. Những báo cáo về tốc độc cực cao là điều thông thường trong các trường hợp chứng kiến đĩa bay, cùng với những động tác đổi hướng đột ngột thách thức mọi định luật vật lý.

2.2 Tàu Con Thoi Discovery

Đó là ngày 15/9/1991 tại Úc.
Tàu Con Thoi Discovery thu hình được bằng chứng đầy ngạc nhiên về một đĩa bay trên không phận Úc Đại Lợi với một vận tốc khoảng 54,000 miles/giờ. Bất kỳ thao tác bay nào ở tốc độ đó đều có thể tạo ra lực G (*G-forces*) vượt xa khả năng chịu đựng của con người.

2.3 Vụ bắt cóc ở Lancaster, New Hampshire

Ngoài tốc độ sấm sét của chúng, các đĩa bay còn khét tiếng về sự dính líu của chúng trong những trường hợp bắt cóc người trái đất. Nhiều nạn nhân bị cưỡng bách khám nghiệm y khoa một cách tàn nhẫn và thậm chí bị giải phẫu trong những phòng giải phẫu trên đĩa bay. Vụ bắt cóc hiện đại đầu tiên được ghi nhận của người hành tinh đã xảy ra trong vùng thôn quê New Hampshire vào ngày 19/9/1961.

Trong khi Betty and Barney Hill lái xe ban đêm bỗng nhiên họ bị bắt lên một con tàu mà về sau họ mô tả có hình chiếc bánh *pancake*.

Nhưng các chi tiết về những gì đã xảy ra bên trong con tàu đĩa bay chỉ được phơi bày sau nầy qua thuật thôi miên (hypnosis). Khi người ta tìm kiếm những ký ức tiềm thức của họ, cặp vợ chồng nầy cung cấp một mô tả chi tiết về những người bắt cóc - một chủng loại mà thế giới đã biết được như là người hành tinh *Grays*. Chủng loại *Grays* thực ra là mô tả thông thường nhất về những người hành tinh mà chúng ta thấy, không những có trong truyền khẩu dân gian, mà còn nơi những người bị bắt cóc đã kinh qua những vụ tiếp xúc nầy với người hành tinh. Người hành tinh *Grays* cao khoảng 3 đến 4 *feet*, đầu to và tròn như một bóng đèn, mắt đen hình quả hạnh nhân, da xám, thân hình rất gầy.

Cặp vợ chồng nầy nói rằng họ đã chịu đựng những thí nghiệm kinh khủng; nhưng Betty Hill, người vợ, còn nhớ một cái gì khác hơn thế nữa. Bà nhớ được một người hành tinh cho thấy một bản đồ tinh tú (star map) nhằm cố giải thích họ từ đâu đến.

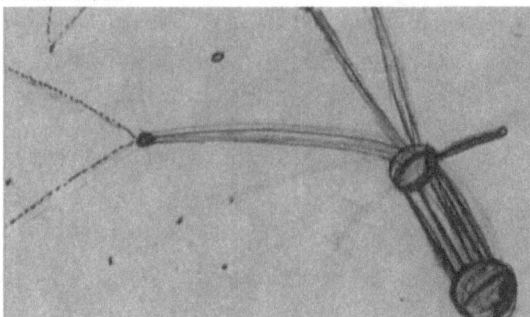

Đó là một hiện tượng quá quen thuộc đối với một người bị bắt cóc. Không một ai tin họ. Nhiều nạn nhân thậm chí còn bị bạn bè và gia đình tẩy chay. Biến cố đó đã làm cho cặp vợ chồng nầy dao động triệt để. Họ cứ mãi bứt rứt muốn nhớ lại những biến cố xảy ra đêm đó, nhưng nhiều năm cố gắng chỉ mang lại một ít câu trả lời. Vì quá tuyệt vọng, họ tìm sự giúp đỡ từ một nguồn bất ngờ nhất: một chuyên gia về thôi miên trị liệu (hypnotherapist).

Đối với một số người bị bắt cóc, muốn nhớ lại những gì đã trải nghiệm, họ phải kinh qua cái gọi là *hypnotic regression* (hồi quy thôi miên) - tức là họ được đặt vào một trạng thái thôi miên để giúp họ khơi lại những ký ức có vẻ như đã bị chôn sâu vào phía sau óc của họ. Khi người ta rà soát những ký ức tiềm thức (subconscious memories) của họ, cặp vợ chồng nầy cho thấy thực sự họ đã bị bắt cóc bởi những người hành tinh tiến đến gần xe của họ. Bên trong đĩa bay, họ đã khứng chịu những thí nghiệm y khoa kinh khủng.

STEVE MURILLO
Section Director, MUFON-LA

Đối với những chuyên gia đĩa bay, đó là một thời điểm lịch sử. Theo Steve Murillo (hình trên), giám đốc tổ chức *MUFON-LA,* những trường hợp bắt cóc không thực sự bắt đầu lộ ra công chúng cho đến cuối thập niên 1960. Câu chuyện của Betty và Barney Hill là báo cáo đầu tiên trong số hàng ngàn báo cáo tương tự một cách quái đản về bắt cóc. Nhưng mục tiêu của những vụ bắt cóc và thí nghiệm nầy là gì? Phải chăng người hành tinh chỉ cố thu thập kiến thức về chúng ta? Hay tất cả là một phần của một kế hoạch rộng lớn hơn? Có lẽ phải mất mười năm nữa may ra mới tìm được câu trả lời.

Kể từ đó, hàng ngàn người khắp thế giới đã mạnh dạn bước lên với những tuyên bố tương tự. Có thể nào các đĩa bay được thiết kế để tiến hành những vụ bắt cóc và khám nghiệm y khoa chớp nhoáng nầy? Phải chăng đó là một loại tàu nghiên cứu khoa học? Và nếu thế, phải chăng nhiều loại đĩa bay khác cũng được thiết kế cho một mục đích đặc biệt nào đó?

Chương IX: Phân Loại Đĩa Bay

Từ nhiều thập niên, những nhân chứng khắp thế giới đã báo cáo những vụ chạm trán với đĩa bay với mọi hình thù và kích thước khác nhau, nhưng đâu là những bí mật phía sau mỗi loại? Và phải chăng một số đĩa bay nguy hiểm hơn một số khác?

2.4 Biến cố Rendlesham Forest

Đó là ngày 26/12/1980 tại Ipswich, Anh Quốc.

Theo lời Nick Pope, Cựu Bộ Trưởng Quốc Phòng Anh, những binh sỹ không quân Hoa Kỳ đồn trú tại hai căn cứ *RAF Bentwaters* và *RAF Woodridge* nhìn thấy những tia sáng lạ phát ra từ khu rừng Rendlesham gần đó.

John Burroughs và Jim Penniston, cùng với những quân nhân khác tìm cách xin phép đến khu rừng để điều tra những gì mà ban đầu họ tưởng là một máy bay rơi. Khi đi gần đến hiện trường, hai người nầy nhìn thấy trong một vạt trống một đĩa bay đáp xuống chứ không phải là một máy bay rơi.

Toán an ninh tiến đến đủ gần để ghi chép những dấu hiệu kỳ lạ trên thân tàu trông giống như những chữ viết tượng hình (Hieroglyphics) Cổ Ai Cập.

Hai người lập tức quay trở lại căn cứ để báo cáo những gì họ thấy. Nhưng khi một toán tuần tra được phái đến, họ không nhìn thấy cái gì khác hơn là ba dấu trũng trên mặt đất, nơi mà đĩa bay trước đó đã đáp xuống, có thể do bộ phận đáp của đĩa bay nầy để lại. Một máy đo phóng xạ phát hiện những trình độ bức xạ rất cao trong những vùng trũng đó. Bộ Quốc Phòng Anh phát động một cuộc điều tra ráo riết. Những cuộc phỏng vấn với Burroughs và Penniston cho thấy một điều hết sức ngạc nhiên. Mặc dù họ chỉ có mặt với đĩa bay đó vài lúc thôi, những đồng hồ của họ lại cho thấy họ đã ở đó đến 45 phút. Đó là một hiện tượng mà các chuyên gia đĩa bay gọi là *missing time* (thời gian gián đoạn).

Nhiều người bị người hành tinh bắt cóc thuật lại thời gian gián đoạn như thế, trong đó sự việc thường không kéo dài như trong đời thực, mà ngắn từ ba đến bốn lần hơn. Đó là một nét rất thông thường. Nhiều chuyên gia tin rằng thời gian gián đoạn đó là một phó sản (by-product) của phương tiện du

Chương IX: Phân Loại Đĩa Bay

hành của các đĩa bay. Thay vì lênh đênh qua không gian, chúng du hành qua chính thời gian.

Charles Halt, Chỉ Huy Phó của căn cứ, tỏ ra hoài nghi... cho đến hai ngày sau, khi người ta nói rằng hai đĩa bay đã trở lại.

Theo Nick Pope, Đại Tá Halt không thể bài bác chuyện đĩa bay nầy được, vì chính mắt ông ta đã nhìn thấy chúng. Theo sau đó là một đoạn phim trung thực do chính Halt thực hiện khi ông đến gần đĩa bay. Đoạn phim cho thấy một quân nhân đang trong một tình trạng gần như hốt hoảng khi chứng kiến đĩa bay.

Halt: *"I see it, too. It's coming this way. It looks like an eye winking at you. He's coming toward us now. Now we're observing what appears to be a beam coming down to the ground."*

(Tôi cũng thấy nó. Nó đi về hướng nầy. Nó trông giống như một con mắt đang nháy với bạn. Nó đang đi đến chúng tôi bây giờ. Hiện chúng tôi đang quan sát những gì có vẻ như một tia sáng đang chiếu xuống đất.)

Bất chấp những nhân chứng đáng tin cậy như Charles Halt, chính phủ Anh vẫn phủ nhận mọi trường hợp người ta nhìn thấy đĩa bay ở Rendlesham Forest và cho đó là một hiện tượng khí quyển mệnh danh là *charged plasma* khiến tạo ra một điện trường có thể đưa đến ảo giác và những hệ quả tâm lý nơi những người đứng gần đó.

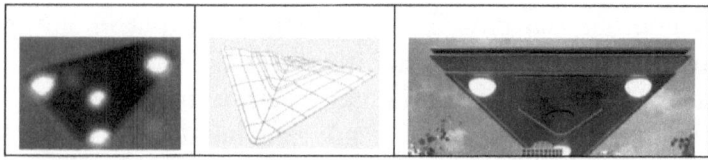

Phải chăng biến cố Rendlesham thực ra chỉ là một ảo giác về ánh sáng? Những hình tam giác màu đen đã xuất hiện nhiều lần trong những năm theo sau biến cố Rendlesham, tạo ra những "ảo giác" tương tự. Điều nầy đã khiến một số chuyên gia kết luận rằng những hiện tượng kỳ lạ thực ra do chính những tam giác màu đen tạo ra nhằm che đậy sự hiện diện của chúng.

Nhưng phải chăng những ảo giác kỳ lạ là tất cả những gì chúng ta phải sợ về các đĩa bay?

2.5 Dayton, Texas

Đó là ngày 29/12/1980, tại Dayton, Texas.

Bitty Cash, Vicky Landrum, và Colby (cháu của Landrum) đang lái xe dọc xa lộ bỗng nhiên không biết từ đâu ra một vật sáng hình thoi xuất hiện ngay bên trên chiếc xe của họ.

Chương IX: Phân Loại Đĩa Bay

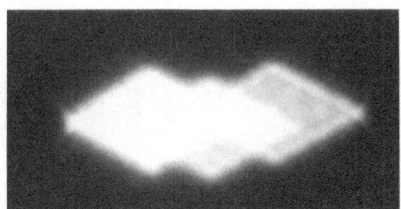

Họ dừng lại và ra khỏi xe để nhìn rõ hơn, chỉ để nhận phải một luồng hơi nóng khủng khiếp phát ra từ đĩa bay. Một lúc sau, không rõ từ đâu ra, một phi đội trực thăng không bảng số đột nhiên xuất hiện trên đầu họ.

Nhưng đĩa bay nầy lập tức biến mất và các trực thăng rượt đuổi chúng, không để ý đến các nạn nhân bên dưới. Vài hôm sau Bitty Cash và Vicky Landrum ngã bệnh. Họ cho thấy những dấu hiệu cháy nắng nặng và bị rụng tóc.

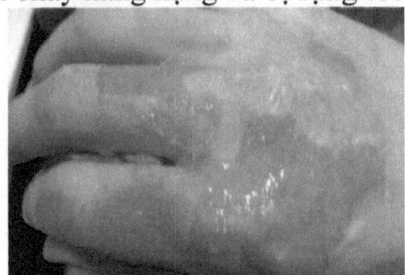

Những triệu chứng của Bitty Cash trầm trọng hơn cho đến khi bà không thể đi được nữa. Bà mất từng mảng da và tóc. Hai tuần sau biến cố đó, bà được đưa vào bệnh viện để điều trị 12 ngày. Chẩn đoán của họ? Các bác sỹ kết luận rằng cả ba nạn nhân đều bị nhiễm phóng xạ *ion* (ionizing radiation).

UFO report
Women, child say they saw ship, 23 helicopters

Biến cố đó sẽ trở thành một trong những trường hợp chạm trán đĩa bay được ghi nhận đầy đủ nhất trong lịch sử.

CLOSE ENCOUNTER SCARS TWO WOMEN

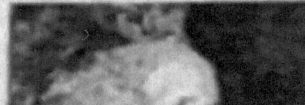

Nhưng hãy còn nhiều câu hỏi đáng quan ngại. Đâu là nguồn gốc của những vụ bỏng phóng xạ của họ? Và nếu vụ chạm trán của họ với chiếc đĩa bay hình thoi chỉ là một tai nạn, thì phải chăng việc tiếp xúc với hệ thống động cơ của đĩa bay có thể đã gây ra bệnh nhiễm phóng xạ?

2.6 Santa Monica, Los Angeles

Nhưng trong khi phần lớn những trường hợp chứng kiến đĩa bay chỉ liên quan đến những con tàu riêng rẽ, nhỏ hơn, lại có

Chương IX: Phân Loại Đĩa Bay

một loại con tàu khác đáng sợ hơn vốn gây sợ hãi nơi tất cả những nhân chứng.

Từ nhiều thập niên, những trường hợp đối mặt với đĩa bay đã phát tán sợ hãi và lo âu khắp thế giới. Nhưng đây không phải là loại đĩa bay độc nhất được nhận diện trong các báo cáo của các nhân chứng. Có một loại đĩa bay khác được nhìn thấy trên bầu trời của chúng ta, một loại có thể tượng trưng cho mối đe dọa lớn nhất trong tất cả.

Đó là ngày 14/6/1992 tại Los Angeles, California.

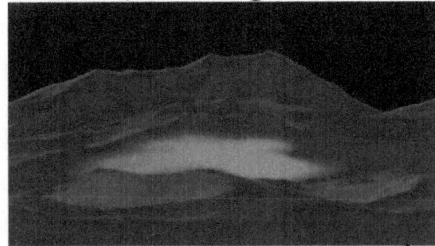

Hàng chục nhân chứng báo cáo đã nhìn thấy nhiều đĩa bay trên bầu trời Santa Monica Bay. Nhưng trong một đột biến kỳ lạ, họ nói rằng những đĩa bay không bay vào không phận của thành phố từ không gian. Chúng bay lên từ dưới biển.

Và đó không phải là lần đầu tiên một đe dọa đĩa bay xuất hiện bên trên vùng biển của Los Angles.

2.7 Battle of Los Angeles

Đó là tháng 2/1942

Chỉ ba tháng sau vụ Nhật tấn công Trân Châu Cảng, thành phố Los Angeles bỗng nhôn nháo. Hoa Kỳ vừa mới tham

chiến vào Đệ Nhị Thế Chiến. Los Angeles đang lo sợ một cuộc tấn công khác tương tự như ở Trân Châu Cảng, nhưng lần nầy ở chính Los Angeles. Người ta sợ sẽ đến lược họ. Nhưng vào đêm 25/2, nỗi lo sợ của họ đã trở thành hiện thực. Đột nhiên trong đêm tối mịt mùng, 100,000 người bỗng thức dậy trong khi toàn bộ thành phố mất hết điện một cách kinh ngạc. Còi báo động bắt đầu hú vang, và dân chúng ùa ra khỏi nhà để chứng kiến một cái gì trên bầu trời. Thành phố có vẻ đang bị tấn công.
Không một ai biết vật bay lạ đó là gì, và quân đội nhập cuộc và làm những gì họ có thể làm tốt nhất - nhằm bắn hạ vật bay.
Dưới đây là nguyên văn nội dung phát thanh ngày 25/2/1942, lúc 2:25 am:
"Anti-aircraft guns went into action against unidentified aircraft in the Los Angeles area. Searching lights closely followed the object down the coast and kept it centered in their glair."

(Súng phòng không đã khai hỏa tấn công con tàu lạ trong khu vực Los Angeles. Những tia sáng phòng không đã theo dõi sát nút vật bay đang tiến về hướng bờ biển và giữ nó trong trung tâm vùng rọi.)

Lực lượng quân sự tập trung vào hiện trường. Họ chiếu những tia sáng phòng không vào vật bay. Sau đó, họ cố bắn hạ nó. Lực lượng phòng không ở Căn Cứ *Fort MacArthur* bắn hơn 1,400 quả đạn phòng không trong một đợt liên thanh lý ra có thể tiêu diệt được cả những phi cơ mạnh nhất; nhưng vật bay có vẻ không hề hấn gì cả. Bất chấp quân đội có bắn thứ gì vào vật bay nầy đi nữa, họ đều không thể bắn xuyên thũng nổi thân tàu của vật bay. Họ không thể bắn hạ nó được.

Chương IX: Phân Loại Đĩa Bay

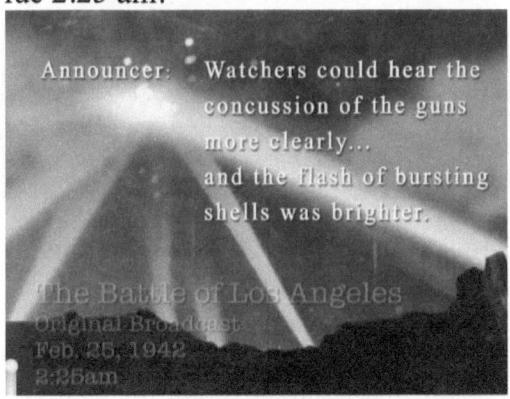

Vụ đụng độ nầy được gọi là *The Battle of Los Angeles* vì một lý do. Có những mảnh đạn rơi xuống. Điện bị mất toàn bộ. Như thế, rất dễ có hốt hoảng. Thực vậy, đã có 5 người chết. Đó là một biến cố rất nghiêm trọng - một tình trạng chiến tranh ở Los Angeles.

Dưới đây là phần tiếp theo của nội dung phát thanh ngày 25/2/1942, lúc 2:25 am:

Sau khi 1,400 quả đạn phòng không đã bắn vào vật bay đó, có thể nó không hề hấn gì vì rõ ràng nó chỉ bay khỏi tầm quan sát của vùng sáng phòng không. Họ tiếp tục bắn vào vật bay đó khi nó chỉ trôi trở lại ra biển theo cùng hướng mà nó đã đến.

Nhưng sau đó, Hải Quân đã bác bỏ ý tưởng cho rằng đã xảy ra một cuộc chiến. Họ tuyên bố đó chỉ là một khí cầu khí tượng chứ không phải đĩa bay. Và tường hợp đó coi như đã được xếp lại. Biến cố nầy đánh dấu vụ chứng kiến đĩa bay đầu tiên được ghi nhận của thành phố, nhưng đó sẽ không phải là trường hợp cuối cùng. Trong những thập niên theo sau, Los Angeles sẽ trở thành một trong những điểm nóng hoạt động nhất của thế giới về đĩa bay, khứng chịu những đe dọa từ trên không trung và từ dưới vùng biển duyên hải của nó.

Theo Bill Birnes (hình trên), điều đó có nghĩa là có một căn cứ dưới đáy Thái Bình Dương, tại Santa Monica Bay, hay tại Redondo Trench, ngoài khơi Nam California. Điều đó có những hàm ngụ lớn lao vì, khi người ta hỏi, làm thế nào các đĩa bay có thể tới lui từ ngoài không gian được? Câu trả lời là: chúng không bay tới bay lui gì cả. Chúng ở ngay đây, tại Los Angeles.

Chương IX: Phân Loại Đĩa Bay

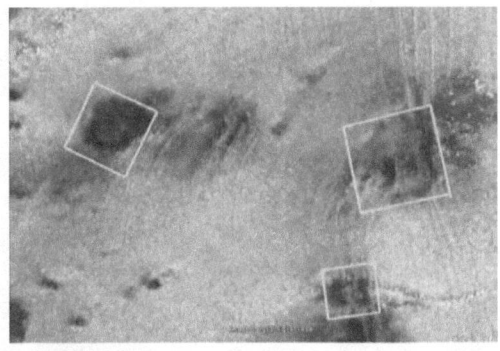

Bằng chứng hùng hồn về một căn cứ như thế xuất hiện trong năm 2010 dưới hình thức một bức hình (bên trên) của sàn đại dương ngoài khơi Đảo Catalina do Cơ Quan *National Science Foundation* đã chụp.

Tuy nhiên, nhiều khoa học gia đã bác bỏ những cấu trúc hình vòm, xem đó như là những vết tích núi lửa thiên nhiên. Nhưng các chuyên gia về đĩa bay tin rằng có thể có một cái gì khác lấp ló bên dưới lớp sóng biển ngoài khơi Nam California; và cái gì đó thường phóng những đĩa bay lên bầu trời bên trên Los Angles.

2.8 The Stephenville Mothership

Đó là ngày 8/1/2008 tại Stephenville, Texas.

Nhiều nhân chứng nói rằng họ nhìn thấy những ánh sáng bí ẩn trên bầu trời. Cùng lúc đó, Steve Allen đang bay một máy bay nhỏ trong khu vực. Ông cũng nhìn thấy những ánh sáng đó, mà về sau ông mô tả như những quả cầu sáng (glowing orbs).

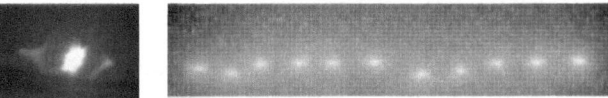

Nhưng sau đó, ông chợt nhận ra những khối cầu đó đang bay theo đội hình trước khi xuất hiện một đĩa bay khổng lồ mà Allen ước tính dài nửa dặm và rộng cả dặm. Các chuyên gia đĩa bay xem loại con tàu khổng lồ nầy như một con tàu mẹ (mothership).

Chương IX: Phân Loại Đĩa Bay

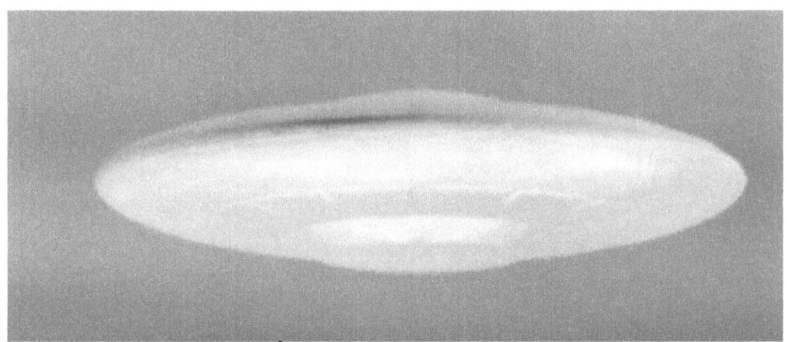

Đĩa bay đó trông giống như một con tàu chỉ huy, trên đó không chỉ có một tàu con mà còn có một tàu con khác nữa bay ra từ phía bên kia.

Rick Sorrells đang đi săn trong rừng bỗng nhiên anh cũng chứng kiến con tàu mẹ đang bay khoảng 300 *feet* trên đầu.

Anh mô tả nó như một con tàu bằng kim loại liền lĩ rộng bằng ba sân *football*. Về sau Sorrells nói vơi mọi người, "*Tôi hy vọng đó là của quân đội chúng ta. Nhưng không phải thế nên chúng ta có vấn đề.*"

Nhưng theo Steve Allen, quân đội đã biết về chiếc đĩa bay khổng lồ đó. Khi thấy nó, anh cũng nhìn thấy hai phản lực cơ đang ráo riết đuổi theo. Những dữ kiện *radar* của Cơ Quan Quản Trị Hàng Không Liên Bang xác nhận những báo cáo tận mắt, cho thấy một vật bay lạ quái dị khổng lồ bên trên khu vực Stephenville đêm đó.

Giới quân sự Hoa Kỳ tuyên bố không hay biết gì về bất kỳ hoạt động nào trong khu vực. Bằng chứng mỗi lúc càng nhiều khiến người ta nghi ngờ lối phủ nhận đó. Rick Sorrells cho biết ông đã bị một số nhân viên chính phủ hăm dọa và sách nhiễu sau khi ông phổ biến câu chuyện của ông với công chúng.

Một cuộc điều tra độc lập thuộc Hệ Thống *Mutual UFO Network (MUFON)* được nói đã khám phá ra bằng chứng cho thấy thông tin *radar* do các phi cơ quân sự thu thập được trong khu vực đêm đó rõ ràng chứng minh thực sự có những con tàu lạ với khả năng chiến đấu thượng đẳng vượt xa mọi kỹ thuật quen thuộc, hoạt động và di chuyển một cách tùy tiện bên trong không phận được kiểm soát. *MUFON* cũng tuyên bố rằng những dữ liệu *radar* có thể đã bị xóa khỏi những phi cơ quân sự trong khu vực đêm đó.

Phải chăng đĩa bay khổng lồ ở Stephenville thực sự là một con tàu mẹ? Nhưng làm thế nào một con tàu mẹ có thể bay trong bầu trời của chúng ta mà không bị phát hiện? Có thể có một con tàu khổng lồ khác nữa đang lấp ló trong vùng biển ngoài khơi Nam California? Và nếu thế, có bao nhiêu con tàu loại nầy và những con tàu con của chúng đang đe dọa bầu trời của thế giới?

Những vật bay hình đĩa, hình tam giác đen, và những con tàu mẹ khổng lồ đã được báo cáo trên bầu trời khắp thế giới, nhưng bằng chứng mới đầy ngạc nhiên cho thấy quy mô hoạt động của người hành tinh trên không trung có thể lớn lao hơn chúng ta đã tưởng tượng.

2.9 Những đĩa bay vô hình

Đó là ngày 5/5/2004 tại Mexico.

Trong khi một phi cơ của Không Quân Mexico đang săn đuổi những phi cơ buôn lậu ma túy bỗng nhiên những thiết bị cảm ứng của phi cơ phát hiện một vật bay không thể nhận thấy bằng mắt thường. Các phi công rượt đuổi vật bay, nhưng ngay khi bay đến gần, vật bay phóng đi với một vận tốc sấm sét, chỉ để quay trở lại vài lúc sau đó và làm chuyện khó tin. Nó bắt đầu rượt đuổi những phi cơ của Mexico. Kẻ rượt đuổi bắt đầu bị rượt đuổi. Sự sợ hãi của phi hành đoàn gia tăng khi một vật bay khác xuất hiện trên màn hình hồng ngoại, rồi thêm một vật bay khác nữa. Chẳng bao lâu sau, họ bị rượt đuổi bởi ít nhất 11 đĩa bay lý ra là vô hình. May thay, các đĩa bay ngưng rượt đuổi và các phi công an toàn quay trở lại căn cứ nhưng biết rằng không bao lâu nữa họ sẽ phải lên lại bầu trời có thể đầy những đĩa bay vô hình.

Nếu người hành tinh đang xử dụng một kỹ thuật ngụy trang tối tân, thì khó biết có bao nhiêu con tàu đang chiếm cứ các bầu trời của chúng ta. Phải chăng đĩa bay trung bình mà chúng ta thường chứng kiến chỉ là một con tàu tuần thám? Phải chăng không phận quốc tế chỉ là một bãi đậu tràn ngập những con tàu mẹ vô hình của người hành tinh? Đó là một ý tưởng đầy quan ngại đang làm cho nhiều người khắp thế giới hồi hộp nhìn lên trời.

CHƯƠNG X

Úc Châu và Người Hành Tinh

Primary reference:
** Unsealed: Alien Files, American Television Series, Season 2, Episode 19. - Mary Carole McDonnell

(Phần lớn nội dung của chương nầy có thật. Có thể một số nội dung trong chương nầy đã được trình bày trong một chương trước đây hay một tập trước đây, nếu có phần nào được lặp lại ở chương nầy thì chỉ để bổ sung cho nội dung mới.)

"Một nỗ lực toàn cầu đã bắt đầu. Những hồ sơ bị bưng bít với công chúng từ nhiều thập niên, với nhiều chi tiết về đĩa bay, hiện đang được phơi bày cho mọi người. Chúng tôi sẽ phơi bày sự thật phía sau những tài liệu mật nầy. Hãy tìm hiểu xem những gì mà chính phủ Hoa Kỳ không muốn cho bạn biết. Unsealed: Alien Files sẽ phơi bày những bí mật lớn nhất trên Trái Đất."
- Mary Carole McDonnell

** *Unsealed: Alien Files* là một bộ phim truyền kỳ Mỹ được trình chiếu lần đầu vào năm 2011 ở Hoa Kỳ. Bộ phim nầy điều tra về những tài liệu liên quan đến các trường hợp nhìn thấy và đối tác với *UFO* (unidentified flying object) - vật bay lạ hay đĩa bay - được công khai với dân chúng vào năm 2011 dựa theo Đạo Luật *Freedom of Information Act*. Mỗi kỳ (episode) của bộ phim nầy xem xét những trường hợp đĩa bay được nhìn thấy, những trường hợp bị người hành tinh bắt cóc, âm mưu bưng bít của chính phủ và tin tức đĩa bay khắp thế giới.

1. Tổng Quát

Hiện tượng đĩa bay hiện đại bắt đầu từ cuối thập niên 1940. Nhưng có bằng chứng cho thấy lần đầu tiên người hành tinh đến trái đất sớm hơn thế từ ngoại không gian.

Vùng hoang dã của Úc Châu là một trong những nơi thù nghịch nhất trên trái đất đối với mọi định cư của con người. Đó từng là quê hương của những thổ dân ở Úc Châu suốt 70,000 năm, và bằng chứng khảo cổ cho thấy họ không có mặt ở đó một mình. Những huyền thoại bản xứ đã khiến nhiều chuyên gia tin rằng người hành tinh đã từng truyền thông với thổ dân ở Úc suốt 70,000 năm, và hai nền văn hóa đó có một quan hệ hiện hữu.

Nhưng trong hai thế kỷ qua, những người khác đã đột nhập vào vùng đất thiêng liêng nầy, và một số chuyên gia tin rằng sự kiện đó có thể đã khởi động những yếu tố tai họa có khả năng đưa đến tận thế như chúng ta biết. Phải chăng người hành tinh đã xâm lăng vùng hoang dã của Úc? Và nếu thế, mục tiêu tối hậu của họ là gì? Từ những huyền thoại cổ xưa đến những người không gian ma quái (ghostly spacemen) và những căn cứ ngầm dưới đất của người hành tinh, chương nầy sẽ điều tra đến cùng những bí mật về đĩa bay.

2. Nội dung chính

2.1 Biến cố Nullarbor Plain

Đó là ngày 28/1/1988.

Chương X: Úc Châu và Người Hành Tinh

Faye Knowles và ba người con trai của bà lái xe xuyên qua bình nguyên Nullarbor Plain bao la, một miền đất trơ trọi vùng duyên hải phía nam nước Úc. Vào sáng sớm ngày 28/1/1988, những du khách nầy nhìn thấy một ánh sáng kỳ dị phía trước. Trong khi đuổi theo, họ nhìn thấy một con tàu nhỏ đang lắc lư qua lại trên không. Họ thận trọng lái qua vật bay lạ và tiếp tục đi tới. Nhưng vật bay không để họ đi qua dễ dàng như thế.

Khi nhìn vào kính chiếu hậu cả gia đình họ hoảng hốt khi thấy vật bay bắt đầu đuổi theo họ. Con tàu đuổi kịp chiếc xe và đáp xuống ngay trên mui xe. Gia đình họ hoàn toàn bất lực khi chiếc xe của họ bị kéo lên khỏi mặt đất và buông rơi trở xuống, khiến một trong các bánh xe bị xẹp.

Vì sợ chết, họ ẩn núp trong một số bụi rậm gần đó cho đến khi đĩa bay biến mất.

Nhà chức trách sau đó giả đoán rằng người mẹ và ba cậu con trai của bà đơn thuần đã mất khả năng kiểm soát chiếc xe của họ trong một trận mưa thiên thạch (meteorite shower).

Nhưng bằng chứng tìm được trên chiếc xe cho thấy một câu chuyện khác.

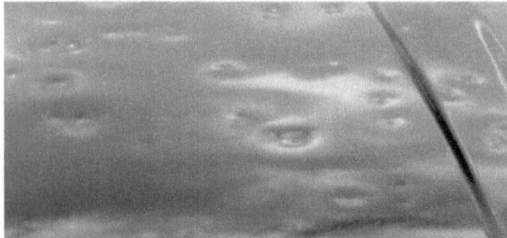

Mui xe bị thủng móp nhiều chỗ và có những dấu vết của một chất đen như bồ hóng.

Biến cố nói trên chỉ là một trong hàng trăm trường hợp bắt cóc của người hành tinh được báo cáo trong ùng hoang dã của Úc. Và bí mật không dừng lại ở đó. Người ta giả định phần lớn những nạn nhân của những vụ bắt cóc nầy hầu như đều là con cháu người Âu, chứ không phải thổ dân ở lục địa Úc Châu. Những thổ dân nầy tượng trưng cho nền văn hóa nhất quán lâu đời nhất thế giới và đã có từ 70,000 năm. Theo những huyền thoại của họ, thế giới và tất cả cư dân trên đó đều do một hệ đa thần gồm những nam thần và nữ thần tạo nên trong một thời đại mà họ gọi là Dreamtime.

2.2 The Dreamtime

Ngay phía bắc của Bình Nguyên Nullarbor là ngọn núi Uluru, trước kia gọi là Ayers Rock. Ngọn núi nầy cao 2,800 feet, vươn lên giữa sa mạc chung quanh. Đó là một địa danh có tầm quan trọng tinh thần lớn lao đối với các thổ dân. Một số chuyên gia về đĩa bay tin đó chính là nơi người hành tinh lần đầu đổ bộ xuống trái đất hàng ngàn năm trước để tạo ra nhân loại.

Chương X: Úc Châu và Người Hành Tinh

Theo Rob Simone (hình trên), biểu tượng ban sơ của những gì có vẻ không thuộc trái đất nầy đều được thể hiện những trên những bức vẽ trong hang nầy (hình dưới). Những hình vẽ nầy đã có từ 40,000 nay. Chúng ta có những khái niệm nầy được viết vào những truyền thống truyền khẩu của các thổ dân Úc.

Phải chăng những chủ thể được minh họa trong những hình khắc trên đá nầy thực sự là những người hành tinh? Một số phương diện của nền văn hóa của họ cho thấy một số chỉ dấu đáng kể. Các thổ dân cổ xưa được xem như những nhà thiên văn đầu tiên của thế giới. Và một số nghi lễ khai đạo của họ cho thấy một tương đồng lạ thường với những câu chuyện hiện đại về các vụ bắt cóc của người hành tinh. Trong một huyền thoại then chốt, những hữu thể trên trời bắt cóc một người đàn ông thổ dân cổ xưa, trao đổi nội tạng với ông, và cấy trong ông những viên đá thiêng để giúp ông truyền thông với họ. Sau đó ông được trả lại về trái đất như người tù trưởng bộ lạc đầu tiên.

Phải chăng người hành tinh đã ban cho các thổ dân ở Úc một khả năng đặc biệt và sau đó 0vun trồng mối quan hệ từ triệu năm nay?

2.3 Những vụ bắt cóc

Những người thổ dân tin rằng người hành tinh không bắt cóc những thành viên trong cộng đồng của họ, vì họ có một mối liên hệ hiện hữu, mối liên hệ vốn chia xẻ loại hàng hóa quý giá nhất của bộ lạc: nước. Nhưng một số chuyên viên tin rằng, khi những thổ dân ở Úc bị xua đuổi khỏi các bộ lạc của họ để nhường chỗ cho những thí nghiệm vũ khí tối hậu, sự can thiệp của người hành tinh mới gia tăng. Vùng hoang dã Úc Châu là một điểm nóng cho những vụ bắt cóc của người hành tinh. Nhưng có thể các đĩa bay chỉ nhắm vào con cháu của người Âu Châu, để yên cho các thổ dân. Phải chăng người hành tinh thực sự kiểm soát vùng hoang dã đó? Và nếu thế, thì mục tiêu tối hậu của họ là gì?

2.4 Căn Cứ Woomera Test Range

Từ ngày lập quốc, Úc là một phần của Khối Thịnh Vượng Chung Anh Quốc (British Commonwealth of Nations). Trong những ngày đầu của Chiến Tranh Lạnh, Vùng hoang dã dưới mắt người Anh là một vùng đất bao la không người ở được xử dụng để thí nghiệm kho vũ khí nguyên tử mới phát triển của họ.

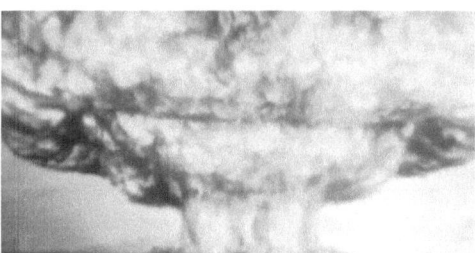

Đất dụng võ cho chương trình nguyên tử nầy chính là Căn Cứ *Woomera Test Range* nằm tại cực đông của Bình Nguyên Nullarbor Plain.

Chương X: Úc Châu và Người Hành Tinh

Theo Bill Birnes (hình dưới), Woomera ở Úc đôi khi được gọi là Australian Area 51, hay **Area 53**. Vì Area 51 nằm ở Nevada, Area 52 ở Dugway, Utah, nên Area 53 nằm ở Woomera, Úc. Đó là một trung tâm thí nghiệm tối mật.

Giữa năm 1959 và 1963, Anh đã tiến hành hơn 40 vụ thí nghiệm nguyên tử tối mật tại khu vực nầy. Chương trình Woomera buộc phải tái định cư các thổ dân địa phương. Những ai ở lại hoặc trở về khu vực mà không được phép sẽ phải nhận lãnh phóng xạ của các vụ thử bom nguyên tử cùng với những hậu quả khủng khiếp trong những thập niên sau đó.

2.5 Đĩa bay xuất hiện

Theo các báo cáo, chẳng bao Căn Cứ Woomera bắt đầu thu hút sự chú ý của những ân nhân cổ xưa của các thổ dân – tức người hành tinh. Một sỹ quan an ninh của Căn Cứ Woomera nhìn thấy một ánh sáng trắng kỳ lạ phóng qua bầu trời đêm. Khi đến gần, ánh sáng nầy đổi sang màu đỏ, khiến viên sỹ quan tưởng đó là một khí cầu đang bốc cháy.

Cùng lúc, cách đó mấy dặm, một sỹ quan an ninh khác cũng nhìn thấy chính vật bay đó bay qua mà không gặp một ngăn cản nào và sau đó biến mất vào trong đêm. Một cuộc điều tra được tiến hành nhằm xác định làm thế nào bất cứ một con tàu có thể đột nhập không phận bị hạn chế nhất của Úc. Mọi giả thuyết đều bị bác bỏ tức khắc, từ những khí cầu thời tiết bay lạc đến lửa St. Elmo, đến cả trò đùa của nhân viên căn cứ. Cuối cùng danh tánh của đĩa bay và mục đích của nó vẫn còn là một bí mật. Biến cố đó chỉ là một trong nhiều biến cố đã xảy ra trên không phận Trung Tâm Woomera Test Range trong thập niên 1960. Nhưng không một điều gì có thể chuẩn bị cho nhân viên của căn cứ đối trước những biến cố đáng ngạc nhiên xảy ra vào tháng 5/1964.

2.6 The Woomera Spaceman

Đó là ngày 23/5/1964, tại Cumbria, Anh.
Cách Woomera nửa vòng trái đất, người lính cứu hỏa Jim Templeton đưa đứa con gái 5 tuổi Elizabeth của ông đến một công viên gần dải đất yên tỉnh tên là Solway Firth. Hai người dừng lại gần làng Burgh-by-Sands và ông chụp hình cho đứa

Chương X: Úc Châu và Người Hành Tinh

con gái của ông. Nhưng khi hình rửa ra ông mới phát hiện một điều lạ lùng.

Theo Nick Pope, Nguyên Bộ Trưởng Quốc Phòng Anh, Jim Templeton đã chụp một loạt ảnh gồm ba tấm liền (hình bên dưới) của đứa con gái. Trên hai trong số ba tấm ảnh, không có gì bất thường, nhưng trên tấm hình ở giữa cho thấy phía sau một hiện tượng trông giống một phi hành gia, mặc đồ trắng và đội một loại quần áo và mũ phi hành nào đó. Ông không nhớ đã nhìn thấy một khuôn mặt nào như thế ngày hôm đó.

Templeton đem tấm hình đến một tờ báo địa phương, và lập tức thông tin về tấm hình loan truyền khắp thế giới, kể cả Úc Đại Lợi.

Vào ngày 24/5/1964, một ngày sau biến cố Templeton, Trung Tâm Woomera Test Range chuẩn bị phóng thí nghiệm loại thiết bị kỹ thuật quân sự nhiều tranh cãi nhất của Anh. Theo Bill Birnes, Woomera là một trung tâm thí nghiệm hỏa tiễn *Blue Streak*. Đó là loại hỏa tiễn đạn đạo liên lục địa (ICBM -

inter-continental ballistic missiles) của Anh. Hỏa tiễn nầy được Anh thiết kế để phục vụ như một vũ khí nguyên tử răn đe trong Chiến Tranh Lạnh.

Theo Nick Pope, Nguyên Bộ Trưởng Quốc Phòng Anh, chương trình hỏa tiễn đó hiển nhiên là một chương trình vô cùng quan trọng đối với chính phủ Anh. Hỏa tiễn nầy được thiết kế trong thập niên 1950 để mang một đầu đạn nguyên tử, nhưng vào năm 1964, hỏa tiễn nầy được thiết kế lại như một thiết bị phóng cho chương trình không gian mới thành lập của Âu Châu.

Vụ thí nghiệm then chốt đầu tiên cho hỏa tiễn nầy được dự trù vào ngày 24/5/1964. Đơn vị phóng đã chuẩn bị nhiều tháng cho giờ phút nầy, nhưng trong tiến trình đếm lệnh (countdown), một sự kiện khó tin đã xảy ra: lệnh phóng bỗng nhiên ngưng lại. Nguyên nhân được báo cáo: hai bóng người lạ đột nhiên xuất hiện trên bệ phóng.

Chính thức có một *video* cho thấy hai "*spacemen*" y phục trắng chạy ngang qua bệ phóng của hỏa tiễn Anh. Bây giờ, điều lạ lùng là những nhân vật nầy trông giống y hệt người *spaceman* trong ảnh chụp ở Solway Firth được đề cập ở phần trên. Chính Templeton cũng nói rằng những sinh vật được mô tả trong *video* trông giống y hệt sinh vật xuất hiện trong tấm ảnh mà ông đã chụp.

Cuối cùng khi phi đạn được phóng đi, cuộc thí nghiệm được xác định là thất bại. Nhưng phải chăng đó chính xác là điều mà những người hành tinh mong muốn? Giả đoán đó dường như hoang tưởng cho đến khi người ta nhận ra một liên quan đầy ngạc nhiên giữa hai biến cố. Dù được thí nghiệm ở Woomera thuộc Úc, hỏa tiễn đạn đạo nói trên đã được lắp ráp tại Căn Cứ Không Quân *R.A.F Spadeadam,* chỉ cách Solway Firth 30 dặm.

Theo Nick Pope, Nguyên Bộ Trưởng Quốc Phòng Anh, như thế phải chăng có một liên quan giữa nhân vật *spaceman* ở Solway Firth và chương trình phóng hỏa tiễn đạn đạo ở Woomera? Hỏa tiễn đạn đạo đúng là loại vũ khí mà trước đây vào năm 1964 bất kỳ người hành tinh nào đến viếng trái đất cũng lưu ý nhiều nhất.

Từ nhiều thập niên đã xảy ra vô số những biến cố cho thấy mối liên hệ giữa các vũ khí đạn đạo do con người chế tạo và các đĩa bay và sự xuất hiện của người hành tinh. Từ khi lần đầu chúng ta cho nổ vũ khí nguyên tử của chúng ta trong thập niên 1940, nhiều người bình thường cũng như những người có kinh nghiệm đều tin rằng người hành tinh rất quan tâm đến vấn đề nầy, bất luận đó là một vũ khí nguyên tử hay một loại phi đạn nào đó có khả năng phóng đi một vũ khí nguyên tử.

Mối liên quan giữa hai biến cố cho thấy người hành tinh theo dõi rất sát những kỹ thuật mới nhất của trái đất. Và nếu thế, họ chủ mưu gì với loại kiến thức nầy? Nhưng Woomera không phải là tiền đồn cấm địa duy nhất của Úc Đại Lợi. Còn có một căn cứ mật khác nằm sâu hơn thế, một căn cứ có thể nắm giữ bí mật phía sau sự hiện diện bí mật thâm sâu về người hành tinh.

2.7 Pine Gap

Đó là ngày 15/9/1991 trên không phận Úc Đại Lợi. Phi thuyền Con Thoi Discovery thu hình được bằng chứng đầy ngạc nhiên của một đĩa bay đang lao nhanh trong bầu trời của miền trung nước Úc với vận tốc khoảng 54,000 miles/giờ. Bất kỳ những thao tác phi hành nào với phương tốc đó đều tạo ra lực G (g-forces) vượt sức chịu đựng của con người. Hướng trình của đĩa bay nầy và nhiều đĩa bay khác đã được truy nguyên ngược về một trong những căn cứ bí mật nhất của trên thế giới, dưới quyền điều hành hỗn hợp của quân đội Hoa Kỳ và Úc.

Tên gọi chính thức của Cơ Quan *Pine Gap* là *The Joint Defense Research Space Agency* (Cơ Quan Nghiên Cứu Quốc Phòng Hỗn Hợp), nhưng thường được gọi là *Pine Gap*. Cơ quan nầy được thành lập vào năm 1970 như là một trạm theo dõi vệ tinh, dưới sự điều hành hỗn hợp của Úc và quân

Chương X: Úc Châu và Người Hành Tinh

đội Hoa Kỳ. Nhưng đó chỉ là một bình phong cho âm mưu bưng bít. Qua nhiều năm, *Pine Gap* được nói đã được cải đổi mục tiêu thành căn cứ thí nghiệm tối mật cho kỹ thuật người hành tinh được thu hồi từ những nơi đĩa bay bị rơi. Nhưng liệu có một khác biệt nào giữa những gì mà giới quân sự nói với bạn là họ biết và những gì họ thực sự biết?

Người ta đồn rằng Căn Cứ *Pine Gap* nằm sâu dưới đất 5 dặm, nhưng những gì đang xảy ra bên dưới sa mạc đó hãy còn là bí mật. Vì nỗ lực giữ bí mật cho *Pine Gap*, một loạt những biến cố không thể giải thích được đã khiến căn cứ nầy bị rình rập theo dõi. Các cư dân địa phương báo cáo đã nhìn thấy những đĩa bay màu trắng bí ẩn có đường kính khoảng 30 feet bay lơ lửng trên bầu trời gần căn cứ. Các chuyên gia đã đi đến một kết luận đầy ngạc nhiên: Có thể những đĩa bay đó thực sự là đĩa bay nhân tạo. Những người khác tin rằng chúng được chế tạo với sự trợ giúp trực tiếp của người hành tinh đang sống và làm việc trong mê cung bên dưới căn cứ. Những bằng chứng cụ thể của công trình tuyệt mật đang tiến hành tại căn cứ được thu thập từ một nguồn bất ngờ nhất ngoài sức tưởng tượng.

Vào ngày 15/3/1991, Phi Thuyền Con Thoi *Discovery* đang bay ngang qua không phận của căn cứ nầy bỗng nhiên những máy thu hình của nó thu được một hiện tượng đầy ngạc nhiên. Đoạn phim cho thấy một đĩa bay khổng lồ rít ầm ầm trên bầu trời Úc với một vận tốc hơn 50,000 miles/giờ, gần gấp ba lần tốc độ tối đa của phi thuyền lúc phóng.

Một số người tin rằng đĩa bay đó là sản phẩm của công trình tối mật đang tiến hành tại căn cứ. Nhưng nếu người hành tinh đang làm việc tại những căn cứ hẻo lánh như Pine Gap, thì họ là bạn hay thù? Đối với những cư dân sống gần Alice Springs, Pine Gap là một bổ sung không được chào đón tại khu vực.

Tại những căn cứ bí mật như Pine Gap trong sa mạc Úc Đại Lợi, người hành tinh được nói đang giúp đỡ các khoa học gia chế tạo những con tàu và vũ khí vị lai (futuristic aircraft and weapons).

2.8 Đĩa bay Pine Gap

Đó là ngày 1/11/1996.

Trong khi hai phụ nữ đang lái xe qua sa mạc ban đêm ngay phía bắc của Pine Gap, bỗng nhiên họ nhìn thấy một vật sáng màu xanh trong một lùm cây. Vật sáng bỗng vụt lên cao và bay theo họ. Về sau hai phụ nữ mô tả vật sáng đó như là một con tàu rất lớn, có kích thước bằng một xe thùng và đáy phẳng và đỉnh tròn. Đĩa bay bắt đầu đuổi theo họ, lơ lửng bên trên chiếc xe. Hai phụ nữ tin chắc họ đang bị theo dõi và hoàn hồn khi vật bay ngưng bám theo họ và bay về hướng Pine Gap.

Đó chỉ là một trong hàng chục trường hợp chạm trán với đĩa bay đáng ngại được báo cáo trong khu vực từ khi có căn cứ; và sự kiện đó làm dấy lên một câu hỏi đầy quan ngại: Phải chăng những đĩa bay ở Pine Gap là những sản phẩm của kỹ thuật người hành tinh được đảo ngược quy trình chế tạo hay chúng là những đĩa bay hoàn toàn của người hành tinh trong bản chất? Nhiều nhà chuyên gia tin rằng câu hỏi nằm sâu bên trong căn cứ.

Chương X: Úc Châu và Người Hành Tinh

Căn cứ được báo cáo bao gồm chín tầng lầu dưới lòng đất, sâu khoảng 5 dặm dưới đất và được xây dựng để có thể chịu đựng được sức công phá của ba quả bom nguyên tử cùng một lúc.

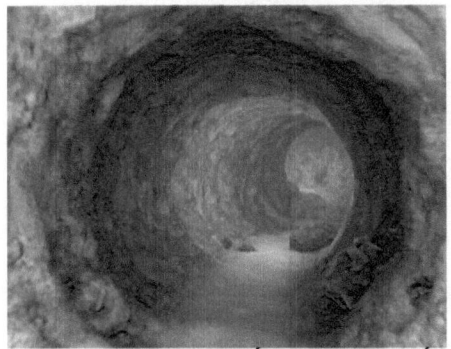

Những bằng chứng khác cho thấy một hệ thống đường hầm dài 1,400 dặm dẫn đến một căn cứ tàu ngầm tại duyên hải đông bắc của lục địa.

Thậm chí có những tuyên bố cho rằng một thiết bị dịch chuyển (teleportation device) nối liền Pine Gap với căn cứ đối trọng của nó ở Hoa Kỳ, tức *Area 51* ở Nevada.

Phải chăng căn cứ Pine Gap là địa bàn của kỹ thuật tân kỳ vượt xa mọi thứ được biết đến ngày nay? Phải chăng kỹ thuật đó được hoàn tất với sự trợ giúp của người hành tinh? Và câu hỏi gay gắt nhất là: mục tiêu của căn cứ là gì?

2.9 Thuyết Lifeboat

Trong thập niên 1950, Philip Baxter, Giám Đốc Ủy Ban Nguyên Tử Năng Úc Đại Lợi, đưa ra một đề nghị hết sức cực đoan. Ông tìm cách biến Úc thành kho tồn trữ vũ khí nguyên tử, tưởng tượng đó như một tàu cấp cứu (lifeboat) cho đám chóp bu Mỹ, Anh, và Úc trong trường hợp xảy ra một đại họa toàn cầu.

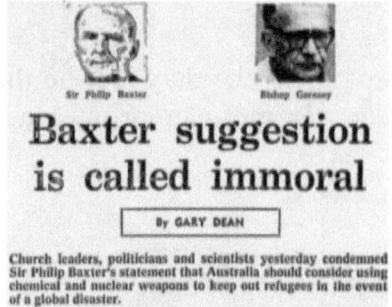

Về mặt công khai, kế hoạch của Baxter bị nhanh chóng bác bỏ, nhưng sự bí mật tuyệt đối chung quanh Pine Gap đã khiến một số chuyên gia tin rằng có thể kế hoạch của ông đã được thi hành ở đó và bất kỳ tin đồn nào về người hành tinh đều chỉ là một màn khói tinh vi để che đậy mục tiêu đích thực của nó. Theo Bill Birnes, nếu bạn có những địa điểm bí mật ở đó, nếu chính phủ của bạn, quân đội của bạn, giai cấp lãnh đạo chóp bu của bạn sẽ được che giấu và bảo vệ dưới lòng đất trong những giao thông hào rất, rất sâu, thì bạn không muốn nói cho kẻ thù biết những vị trí đó ở đâu.

2.10 Nghị trình người hanh tinh

Nhưng có một khả thể khủng khiếp khác cần được xem xét. Nếu Pine Gap thực sự là một tàu cấp cứu hậu đại họa cho giai cấp chóp bu của thế giới thì rất có thể nó thực sự được xây dựng theo một nghị trình người hành tinh?
Một lần nữa ở đây, suốt mấy thập niên qua, miền hoang dã bao la của Úc đã chứng kiến một gia tăng trong hoạt động đĩa bay. Những căn cứ tối mật ở Woomera và Pine Gap đã khét tiếng là một vùng đất giả định cho người hành tinh đặt chân lên. Và theo một số chuyên gia, có thể Pine Gap thực ra chỉ là một loại tàu cấp cứu dưới lòng đất được thiết kế để vượt qua một đại họa tương lai. Vấn đề là: đại họa đó sẽ mang hình thức nào? Câu trả lời có thể nằm trong những chuyện cổ tích ngay giữa lòng văn hóa thổ dân.

Tiên tri thổ dân lưu truyền qua nhiều thế hệ có nói về tận thế khi chúng ta đi vào một chiều khác (another dimension).

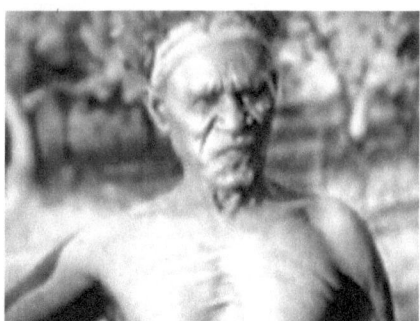

Theo một trưởng thượng bộ lạc, nhân loại sẽ đối mặt với những đợt sóng thần và động đất như là hình phạt về tội không xem trái đất như là từ mẫu của chúng ta.

Một tiên tri truyền thống khác nói về mưa đen (black rain) sẽ rơi xuống khắp thế giới.

Ngày nay mưa đen là một thuật ngữ được xử dụng để mô tả nạn phóng xạ giết người sẽ bao phủ thế giới trong những giờ theo sau một cuộc chiến nguyên tử toàn cầu và kết liễu hầu như toàn bộ mọi sự sống trên hành tinh trái đất.

Phải chăng người hành tinh đã nói trước với các thổ dân ở Úc về tận thế? Và nếu căn cứ địa dưới lòng đất ở Pine Gap là một loại tàu cấp cứu, thì ai sẽ được mời để sống sót những điêu tàn trong kịch bản tận thế và tái tục lại từ đầu? Biết đâu con số đó chính là 2,000 người được Hệ Thống Siêu Quyền Lực Do Thái và các chính bù nhìn Tây Phương và Cộng Sản chọn lọc lần cuối sau khi đã thanh lọc qua nhiều âm mưu chính thức nhằm giảm thiểu dân số thế giới xuống mức tối thiểu để dễ bề cai trị theo nghị trình Trật Tự Thế Giới Mới? Trong số những âm mưu giảm thiểu dân số thế giới có Phương Trình Bill Gates, một tỉ phú gốc Do Thái rất tích cực phục vụ nghị trình Trật Tự Thế Giới Mới đó qua những chiêu bài từ thiện và bất vụ lợi rất khó phơi bày nhưng đầy tội ác.

CHƯƠNG XI

Hốt Hoảng về Đĩa Bay

Primary reference:
** Unsealed: Alien Files, American Television Series, Season 2, Episode 20. - Mary Carole McDonnell

(Phần lớn nội dung của chương nầy có thật. Có thể một số nội dung trong chương nầy đã được trình bày trong một chương trước đây hay một tập trước đây, nếu có phần nào được lặp lại ở chương nầy thì chỉ để bổ sung cho nội dung mới.)

"Một nỗ lực toàn cầu đã bắt đầu. Những hồ sơ bị bưng bít với công chúng từ nhiều thập niên, với nhiều chi tiết về đĩa bay, hiện đang được phơi bày cho mọi người. Chúng tôi sẽ phơi bày sự thật phía sau những tài liệu mật nầy. Hãy tìm hiểu xem những gì mà chính phủ Hoa Kỳ không muốn cho bạn biết. Unsealed: Alien Files sẽ phơi bày những bí mật lớn nhất trên Trái Đất."
- Mary Carole McDonnell

** *Unsealed: Alien Files* là một bộ phim truyền kỳ Mỹ được trình chiếu lần đầu vào năm 2011 ở Hoa Kỳ. Bộ phim nầy điều tra về những tài liệu liên quan đến các trường hợp nhìn thấy và đối tác với *UFO* (unidentified flying object) - vật bay lạ hay đĩa bay - được công khai với dân chúng vào năm 2011 dựa theo Đạo Luật *Freedom of Information Act*. Mỗi kỳ (episode) của bộ phim nầy xem xét những trường hợp đĩa bay được nhìn thấy, những trường hợp bị người hành tinh bắt cóc, âm mưu bưng bít của chính phủ và tin tức đĩa bay khắp thế giới.

1. Tổng Quát

Nhiều chính phủ, kể cả Hoa Kỳ, đã đi những bước thật xa để bưng bít sự thật về sự hiện hữu của người hành tinh. Cùng lúc đó, họ bí mật nghiên cứu kỹ thuật được thu hồi từ người hành tinh nhưng không cho công chúng hay biết, nhưng họ cũng để rò rĩ những hàm ngụ vô cùng quan trọng cho công chúng thấy họ tin có sự hiện hữu của người hành tinh.

Theo Robert Salas, một Đại Úy Không Quân hồi hưu, có một nhóm nhỏ gồm những cá nhân bên trong và bên ngoài chính phủ Hoa Kỳ đang kiểm soát hiện tượng nầy. Nhưng những mâu thuẫn nầy đã khiến nhiều người vừa hoài nghi triệt để chinh phủ vừa lo sợ sự xâm lăng của người hành tinh. Chỉ cần một biến cố cũng co thể làm lệch cán cân sợ hãi và đẩy thế giới vào tình trạng hoảng loạn. Nhưng chúng ta thực sự có mọi lý do để sợ hãi, hay nỗi sợ hãi đó đang được đạo diễn một cách cẩn thận? Phải chăng chính phủ Hoa Kỳ đang bưng bít sự thật về người hành tinh để ngăn ngừa hỗn loạn hay bưng bít như một phương tiện để siết chặt ách thống trị của chủ nghĩa độc tài mềm Do Thái trị?

Chương nầy sẽ phơi bày những bí mật về hiện tượng hốt hoảng về đĩa bay.

2. Nội dung chính

2.1 Centerville, Ohio

Đó là ngày 6/3/2004.

Chương XI: Hốt Hoảng về Đĩa Bay

Trong mấy giờ đầu của buổi sáng, đèn báo của hệ thống báo động 911 của thành phố chớp liên hồi với những báo cáo về một đĩa bay khổng lồ. Người ta nhìn thấy đĩa bay nầy lơ lửng sát bên trên những đường dây điện, tạo nên một cung lửa điện (electrical arc). Sau đó phát ra một tiếng nổ khiến tắt hết điện và phát tán sợ hãi khắp khu vực.

Tuy nhiên, bất chấp nhiều nhân chứng, chính quyền bác bỏ sự việc và cho đó như là một trường hợp dây điện hỏng vì gió lớn.

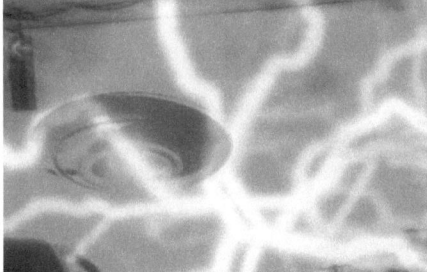

Kết luận đó khiến dân chúng hoang mang và nghi ngờ các định chế đang âm mưu bưng bít sự thật. Tại sao các chính quyền thản nhiên làm ngơ mọi báo cáo của bao nhiêu nhân chứng? Phải chăng họ thực sự hành động vì công ích? Chính phủ đã thường xuyên tiến hành tuyên truyền và cẩn thận thao túng dư luận quần chúng bằng dối trá.

Nhưng sự xuất hiện của các đĩa bay trên không phận Hoa Kỳ trong thập niên 1940 đã đặt ra một thách thức mới. Những trường hợp chứng kiến đĩa bay đã để lại một ấn tượng khó quên nơi các nhân chứng, và hậu quả lo sợ lan rộng nhanh chóng hơn so với mọi khả năng kiểm soát của chính phủ.

2.2 Project Sign

Vào khảng năm 1948, Hoa Kỳ nhận ra mối đe dọa của đĩa bay đối với trật tự công cộng và ra lệnh tiến hành một dự án nghiên cứu tối mật mang tên *Project Sign*. Dự án nầy bao gồm việc tình báo quân đội sẽ kiểm soát công tác điều ta tất cả những trường hợp chứng kiến đĩa bay. Nhiệm vụ điều tra đĩa bay được giao phó cho đơn vị tình báo tinh nhuệ *402nd Air Intelligence Squadron*. Nhưng tính chính trực của đơn vị nầy đã bị truy vấn nghiêm trọng trong những thập niên tiếp theo.

2.3 Biến cố Oxnard, California

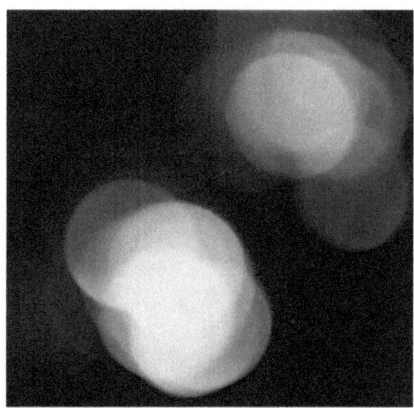

Đó là tháng 3/1957.
Vợ của một sỹ quan đồn trú gần Căn Cứ Không Quân Oxnard Air Force Base nhìn thấy mọt nhóm ánh sáng kỳ lạ màu xanh lá cây và màu đỏ trên bầu trời. Những ánh sáng nầy chớp liên hồi một cách bí ẩn, phóng qua phóng lại theo một lối không hề thấy nơi bất kỳ một phi cơ quen thuộc nào. Nhân chứng lập tức liên lạc với căn cứ gần đó, và *radar* của căn cứ nầy cũng xác nhận câu chuyện của bà: đó là những đĩa

Chương XI: Hốt Hoảng về Đĩa Bay

bay. Ngay sau đó, một sỹ quan cảnh sát - người cũng đã nhìn thấy các đĩa bay đó - bổ túc với những tuyên bố thậm chí quả quyết hơn. Trường hợp được chuyển sang đơn vị tình báo *402nd Air Intelligence Squadron* vừa được đề cập bên trên. Nhưng kết luận của họ đã làm cho nhiều người thắc mắc có phải đơn vị nầy thực sự điều tra một cái gì hay không.

Bất chấp những báo cáo chi tiết từ nhiều nhân chứng và bằng chứng liên quan từ chính *radar* của quân đội, các nhà "điều tra" đã bác bỏ trường hợp nói trên như là một ảo giác quang học (optical illusion) do dị chứng khí quyển (atmospheric anomaly) gây ra. Và họ không dừng lại ở đó. Một cách tàn nhẫn, họ tiệt hạ tính khả tín của người phụ nữ nhân chứng ban đầu, minh họa bà như một người không đáng tin cậy, và thậm chí điên rồ vì đang mang thai. Đó là một biểu mẫu được áp dụng suốt những thập niên kế tiếp sau khi xảy ra một trường hợp chứng kiến đĩa bay. Và theo các chuyên viên về đĩa bay, đó là một thủ tục được đạo diễn cẩn thận.

Theo Bill Birnes (hình trên), điều đầu tiên mà chính phủ làm khi một người nào đó bắt đầu tiết lộ thông tin là làm cho người đó trở thành lố bịch. Nhưng có đúng thế không? Phải chăng chính phủ cố tình triệt hạ uy tín của các nhân chứng đĩa bay? Theo nhiều tài liệu chính thức, đúng là như thế.

Một giác thư đặc biệt cho thấy chính phủ không hành động một mình.

2.4 The Low Memo

Vào năm 1966, chính phủ Hoa Kỳ thành lập Ủy Ban *Condon Committee* (hình trên), tức một nhóm những đầu óc khoa học hàng đầu của Hoa Kỳ, để "điều tra" độ khả tín của các báo cáo về đĩa bay.

Kết quả của ủy ban nầy không dứt khoát. Nhưng trong những năm sau đó, một giác thư (memo) do Robert J. Low, (hình trên), một thành viên của ủy ban nầy, cho thấy các chuyên viên nên tập trung việc điều tra, không phải trên những hiện tượng vật lý, mà, đúng hơn, nên điều tra chính những người đã chứng kiến... tâm lý học và xã hội học của những cá nhân và tập thể báo cáo đã nhìn thấy đĩa bay.

2.5 Thao túng dư luận quần chúng

Phải chăng chính phủ Hoa Kỳ thực sự đang xử dụng những sợ hãi về đĩa bay để kiểm soát dân chúng? Nếu thế, liệu họ có một kế hoạch nào nếu một ngày nào đó người hành tinh xâm lăng hay, ngược lại, phải chăng một ai khác đang thao túng nỗi sợ hãi của chúng ta?

Một lần nữa ở đây, bằng chứng mỗi ngày một gia tăng cho thấy các chính phủ khắp thế giới đang cẩn thận kiểm soát dư luận quần chúng về sự hiện hữu của các đĩa bay, bài bác những báo cáo của nhân chứng và làm giảm uy tín của các nhân chứng nhân danh duy trì trật tự công cộng. Nhưng chính phủ có thực sự đang kiểm soát được mọi thứ?

Theo Steve Murillo (hình trên), nếu người hành tinh thực sự muốn quét sạch chúng ta, có lẽ họ có khả năng làm điều đó. Do đó, chỉ cần một phát một là xong chuyện với chúng ta. Nhưng tại sao họ đã không làm điều đó?

Người hành tinh là bạn hay thù? Đó là một câu hỏi làm cho chính phủ Hoa Kỳ được nói là khó nghĩ từ nhiều thập niên. Tuy nhiên, dường như công chúng đã tự quyết định. Một cuộc thăm dò gần đây cho thấy 86% người Mỹ tin rằng người hành tinh là bạn hơn là thù. Nhưng yếu tố nào định đoạt kết quả đó?

Nhiều chuyên gia tin rằng tình báo về đĩa bay của Hoa Kỳ chịu sự thao túng của tổ chức *Majestic 12,* một ủy ban tuyệt mật gồm những viên chức khoa học và tình báo cao cấp do Tổng Thống Truman thành lập vào những ngày theo sau vụ thu hồi một con tàu người hành tinh đầu tiên được báo cáo: biến cố Roswell. Một số người cũng tin rằng ủy ban nầy đã nhanh chóng ngỗ ngáo, thách thức mọi quyền hành của chính phủ, kể cả chính tổng thống.

Ngày nay, người ta đồn rằng tổ chức *Majestic 12* đang định đoạt mọi thông tin mà công chúng biết về đĩa bay - cả về nội dung lẫn thời gian được phép nghe. Phải chăng *Majestic 12* đã thành công đánh lừa công chúng Hoa Kỳ vào một cảm thức an ninh ngụy tạo? Nhiều chuyên gia tin rằng người hành tinh biết rõ phương thức cai trị của các chinh phủ trên thế giới và họ cứ thế mà giật dây như một phần của một kế hoạch rộng lớn hơn nhằm chuẩn bị trái đất cho một nghị trình bí mật của người hành tinh; và đó là kết quả của âm mưu can thiệp bí mật của họ vào đời sống hằng ngày của chúng ta.

2.6 The Hill Case

Đó là ngày 19/9/1961 tại New Hampshire.

New Hampshire 19/9/1961. Trong khi Betty and Barney Hill lái xe qua miền quê New England thì họ bị một vật bay bí ẩn đuổi theo xe họ. Những gì sắp xảy ra sẽ làm thay đổi lịch sử. Một chùm sáng chiếu xuống đường cho thấy những hình trông giống những sinh vật nhỏ đang đứng gần.

Chương XI: Hốt Hoảng về Đĩa Bay

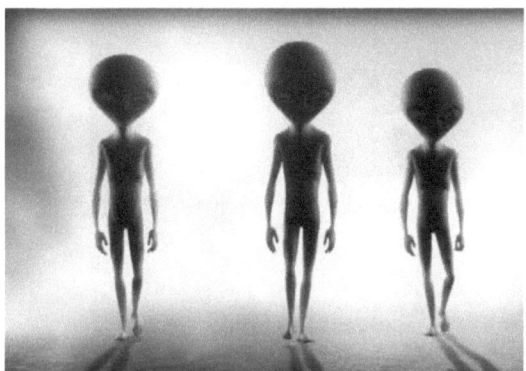

Sau đó không hiểu sao vợ chồng Hills bỗng nhận thấy xe của họ đã về đậu lại trên lối xe ra vào ở nhà; và họ không thể giải thích khoản thời gian gián đoạn (missing time).

Trường hợp của cặp vợ chông nầy là biến cố đầu tiên được ghi chép về hành động bắt cóc của người hành tinh. Nhưng những chi tiết những gì đã xảy ra bên trong con tàu *UFO* chỉ được phơi bày sau nầy qua thuật thôi miên (hypnosis). Khi người ta tìm kiếm những ký ức tiềm thức của họ, cặp vợ chồng nầy cung cấp một mô tả chi tiết về những người bắt cóc - một chủng loại mà thế giới đã biết được như là người hành tinh *Grays*. Chủng loại *Grays* thực ra là mô tả thông thường nhất về những người hành tinh mà chúng ta thấy, không những có trong truyền khẩu dân gian, mà còn nơi những người bị bắt cóc đã kinh qua những vụ tiếp xúc nầy với người hành tinh. Người hành tinh *Grays* cao khoảng 3 đến 4 *feet*, đầu to và tròn như một bóng đèn, mắt đen hình quả hạnh nhân, da xám, thân hình rất gầy.

Cặp vợ chồng nầy nói rằng họ đã chịu đựng những thí nghiệm kinh khủng, chỉ để thấy mọi ký ức của họ sau đó bị xóa sạch. Nhưng mối lo lắng lẩn quất về đêm đó vẫn ám ảnh họ trong những tuần và tháng tiếp theo.

2.7 Kiểm soát não bộ

Bốn mươi năm sau, một cuộc thăm dò vào năm 1991 ước tính khoảng 4 triệu người Mỹ đã kinh qua một trường hợp đối tác cận thân tương tự. Ngày nay, không có tài liệu nào cho biết có bao nhiêu người bị bắt cóc đang luân lưu trên các đường phố Hoa Kỳ, cho biết họ đã khứng chịu những hình thức tẩy não nào, và họ có thể ảnh hưởng thế nào trên phần còn lại của nhân loại. Phải chăng chính người hành tinh đã tạo ra nền văn hóa nhu nhược nầy qua nhiều thập niên bắt cóc và điều khiển não bộ? Phải chăng đó là phương pháp duy nhất mà họ xử dụng để kiểm soát quần chúng?

Bằng chứng mỗi ngày một gia tăng từ nhiều thập niên cho thấy có thể có một âm mưu nào đó của chính phủ Hoa Kỳ nhằm xử dụng mối đe dọa của người hành tinh như một phương tiện để kiểm soát quần chúng. Nhưng chính phủ sẽ phản ứng ra sao trước viễn tượng xâm lăng đại quy mô của người hành tinh? Liệu họ thực sự có khả năng duy trì trật tự hay không?

2.8 Con tàu mẹ Mothership

Đó là ngày 8/1/2008 tại Stephenville, Texas.

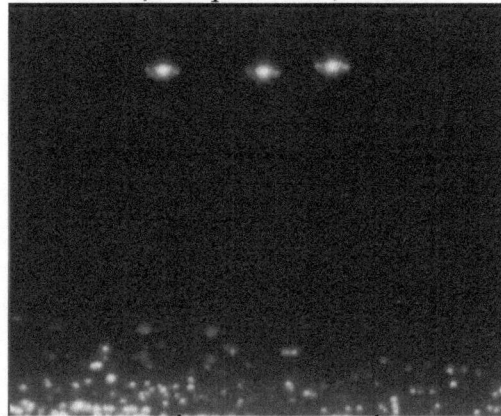

Nhiều nhân chứng nói rằng họ nhìn thấy những ánh sáng bí ẩn trên bầu trời của một tỉnh nhỏ. Tuy nhiên, không một ai tiên đoán được những biến cố tiếp theo sau đó.
Cùng lúc đó, Steve Allen đang bay một máy bay nhỏ trong khu vực. Ông cũng nhìn thấy những ánh sáng đó, mà về sau ông mô tả như những quả cầu sáng (glowing orbs).

Nhưng sau đó, ông chợt nhận ra những khối cầu đó đang bay theo đội hình trước khi xuất hiện một đĩa bay khổng lồ mà Allen ước tính dài nửa dặm và rộng cả dặm. Các chuyên gia đĩa bay xem loại con tàu khổng lồ nầy như một con tàu mẹ (mothership).

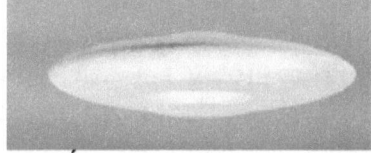

Đĩa bay đó trông giống như một con tàu chỉ huy, trên đó không chỉ có một tàu con mà còn có một tàu con khác nữa bay ra từ phía bên kia. Allen vô cùng ngạc nhiên khi thấy hiện tượng nầy, nhưng không phải chỉ có ông.

Rick Sorrells đang đi săn trong rừng bỗng nhiên anh cũng chứng kiến con tàu mẹ đang bay khoảng 300 *feet* trên đầu.

Anh mô tả nó như một con tàu bằng kim loại liền lĩ rộng bằng ba sân *football*. Về sau Sorrells nói với mọi người, "*Tôi hy vọng đó là của quân đội chúng ta. Nhưng không phải thế nên chúng ta có vấn đề.*"

Nhưng theo Steve Allen, quân đội đã biết về chiếc đĩa bay khổng lồ đó. Khi thấy nó, anh cũng nhìn thấy hai phản lực cơ đang ráo riết đuổi theo. Những dữ kiện *radar* của Cơ Quan Quản Trị Hàng Không Liên Bang xác nhận những báo cáo tận mắt, cho thấy một vật bay lạ quái dị khổng lồ bên trên khu vực Stephenville đêm đó.

Tuy nhiên, giới quân sự Hoa Kỳ tuyên bố không hay biết gì về bất kỳ hoạt động nào trong khu vực. Nhưng bằng chứng mỗi lúc càng nhiều khiến người ta nghi ngờ lối phủ nhận đó. Rick Sorrells cho biết ông đã bị một số nhân viên chính phủ hăm dọa và sách nhiễu sau khi ông phổ biến câu chuyện của ông với báo chí.

Một cuộc điều tra độc lập thuộc Hệ Thống *Mutual UFO Network (MUFON)* được nói đã khám phá ra bằng chứng cho thấy thông tin *radar* do các phi cơ quân sự thu thập được trong khu vực đêm đó rõ ràng chứng minh thực sự có những con tàu lạ với khả năng chiến đấu thượng đẳng vượt xa mọi kỹ thuật quen thuộc, hoạt động và di chuyển một cách tùy tiện bên trong không phận được kiểm soát. *MUFON* cũng tuyên bố rằng những dữ liệu *radar* có thể đã bị xóa khỏi những phi cơ quân sự trong khu vực đêm đó.

Phải chăng đĩa bay khổng lồ ở Stephenville thực sự là một con tàu mẹ? Nhưng làm thế nào một con tàu mẹ có thể bay trong bầu trời của chúng ta mà không bị phát hiện? Có thể có một con tàu khổng lồ khác nữa đang lấp ló trong vùng biển ngoài khơi Nam California? Và nếu thế, có bao nhiêu con tàu loại nầy và những con tàu con của chúng đang đe dọa bầu trời của thế giới?

Con tàu mẹ đó cuối cùng đã biến mất một cách bí ẩn. Nhưng nếu nó không biến mất thì sao? Dân chúng Hoa Kỳ sẽ phản ứng thế nào đối trước một cuộc xâm lăng đại quy mô của người hành tinh? Và liệu chính phủ sẽ thực sự có khả năng ngăn chặn một tình trạng hốt hoảng rộng khắp hay không?

2.9 Chiến Tranh Liên Thế Giới

Đó là ngày 30/10/1938.

Sáu triệu thính giả khắp Hoa Kỳ đang mở *radio* để nghe chương trình phát thanh liên quan đến cuốn tiểu thuyết khoa học giả tưởng của H.G. Wells nhan đề *The War of the Worlds* được Orson Welles 23 tuổi biên tập lại cho *radio*. Tiểu thuyết nầy là một kịch bản cực kỳ sống động về một cuộc xâm lăng trái đất của người hành tinh. Vở kịch mô phỏng những tường thuật báo chí nghe không khác những tường thuật đời thực về đại họa tận thế, khiến thính giả tưởng là chiến tranh thật.

Nỗi sợ do vở kịch *The War of the Worlds* gây ra chỉ nêu bật sức mạnh của truyền thông trong việc kích động hốt hoảng. Do đó rất có thể chính phủ cũng có khả năng đạo diễn những cơn hốt hoảng về đĩa bay như là phương tiện để thao túng tinh thần quần chúng?

2.10 Dự Án Project Blue Beam

2.10.1 Na Uy
Đó là ngày 9/12/2009 tại Na Uy.
Hàng ngàn người chứng kiến một vòng xoáy sáng khổng lồ xuất hiện trong bầu trời đêm phía bắc.

Chương XI: Hốt Hoảng về Đĩa Bay

Vật bay lơ lửng trên không trung gần ba phút trước khi biến mất trong màn đêm. Một số người tin rằng vật bay hình xoắn ốc đó là phó sản của những thí nghiệm đang được tiến hành hàng trăm dặm phía nam, tại Trung Tâm *Large Hadron Collider* thuộc Cơ Quan *CERN* (*Conseil Européen pour la Recherche Nucléaire*) ở Thụy Sỹ. Những người khác lại tin đó là kết quả của một cuộc thí nghiệm hỏa tiễn thất bại của Nga. Nhưng các chuyên gia *UFO* có một giải thích rất khác. Họ tin rằng những ai đã nhìn thấy vật bay hình xoắn đó thực ra đã chứng kiến cổng vào của một lỗ giun (wormhole) - một lối đi xuyên qua mảnh không gian và thời gian, nhờ đó người hành tinh có thể du hành những không gian bao la của vũ trụ liên tinh tú (interstellar space) trong nháy mắt.

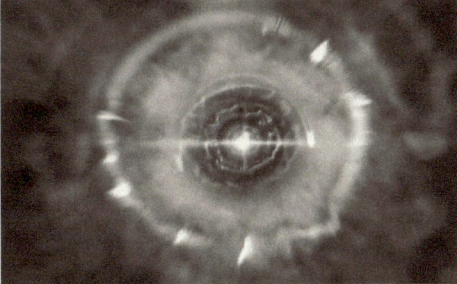

Nhưng sau khi phủ nhận mọi dính líu, Nga đã thay đổi câu chuyện của họ và xác nhận hiện tượng nói trên thực ra là một trong những hỏa tiễn của họ đã vượt tầm kiểm soát. Điều đó có nghĩa là Trung Quốc và Na Uy đã thực sự vượt qua lỗ giun liên tinh tú? Nhưng tại sao Nga thay đổi câu chuyện của họ? Phải chăng vật bay hình xoắn đó tượng trưng cho một rò rỉ sinh tử tiềm tàng nào đó về mặt tình báo? Hay nó tượng trưng cho một hiểm họa có thể khiến cả thế giới hốt hoảng? Những dị chứng khí quyển đã bị các chính phủ bác bỏ như những cái mệnh danh là biến trở nhiệt độ (temperature inversions); nhưng những trường hợp nhiều người gần đây cùng lúc nhìn thấy những vật xoắn bay trong bầu trời khiến những chuyên gia tin có một cái gì đó phía sau những hiện tượng đó.

2.10.2 Ivory Coast ở Phi Châu
Đó là ngày 20/4/2011.

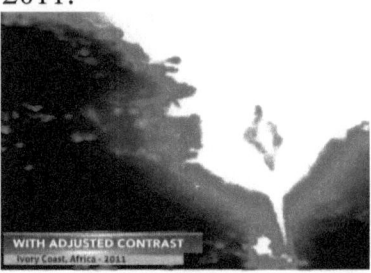

Một nhóm người trên duyên hải Ivory Coast ở Phi Châu nhìn thấy một tia sáng trên bầu trời. Đó không chỉ là một tia sáng trên bầu trời, đó là một vùng sáng hình thoi trong bầu trời, rất linh động, rất lôi cuốn, cho nên lúc đó nhóm người chứng kiến sững sốt. Và vật sáng lạ đó đã thay đổi cuộc đời của họ.
Gần đây, những trường hợp chứng kiến vật bay lạ như thế đã gia tăng khắp thế giới. Peru, Brazil, Nga, và Trung Quốc, tất cả những điểm nóng *UFO*, đều báo cáo những trường hợp nhiều người nhìn thấy những vật bay lạ như những ảo ảnh.
Không như bất kỳ quốc gia nào, Giáo Hội Công Giáo không có biên giới. Con số 1.2 tỉ tín đồ rải rác khắp thế giới, một hệ thống toàn cầu của tai mắt đang tìm lý giải. Đó có phải là những gì cuối cùng đã thuyết phục Vatican phải bước tới và thú nhận sự hiện hữu của người hành tinh?

2.10.3 Liên quan giữa hai biến cố

Mới thoạt nhìn, hai biến cố ở Na Uy và Ivory có vẻ không liên quan với nhau. Nhưng một số chuyên gia tin rằng chúng thực ra là những vụ thí nghiệm của một âm mưu bí mật nhằm kích động tình trạng hốt hoảng về đĩa bay khắp hành tinh - một âm mưu mệnh danh là *Project Blue Beam*. Âm mưu nầy được nói là sản phẩm của một nhóm quyền thế trong giai cấp chóp bu toàn cầu và được giả định xử dụng kỹ thuật tân kỳ nhất về vệ tinh và phóng ảnh (holography) để tạo ra những đĩa bay giả tạo trên bầu trời. Một số chuyên gia tin rằng mục tiêu tối hậu của tổ chức ma nầy (shadow organization) là thiết lập một nhà nước độc tài toàn cầu nhân danh bảo vệ trái đất chống lại cuộc xâm lăng của người hành tinh.

Nhân loại dường như đang bị tấn công từ mọi phía... Hay chúng ta đã và đang thực sự bị tấn công từ mọi phía?

Một lần nữa ở đây, nhiều thập niên chứng kiến đĩa bay cùng với những âm mưu bưng bít do chính phủ cẩn thận đạo diễn đã đặt quần chúng vào một trình trạng lo âu nghiêm trọng. Nhưng phải chăng mục tiêu của họ là thực sự kiểm soát chúng ta? Bằng chứng gần đây có thể cho thấy một câu chuyện hoàn toàn khác.

2.11 FEMA - Federal Emergency Management Agency

Đó là tháng 11/2011.

Cơ Quan Xử Lý Khẩn Cấp (FEMA - Federal Emergency Management Agency) tiến hành một cuộc thí nghiệm bất ngờ cho hệ thống phát sóng khẩn cấp (emergency broadcast system), ảnh hưởng đến tất cả những làn sóng vô tuyến và truyền hình khắp Hoa Kỳ trong vòng ba phút.

Đó là lần đầu tiên loại thí nghiệm nầy được tiến hành trên quy mô toàn quốc. Trong khi đó, gần đây thế giới đã chứng kiến loạt những đại họa. Nhưng phải chăng nỗi sợ hãi đang gia tăng đó là nguyên nhân thực sự phía sau cuộc thí nghiệm khẩn cấp của Cơ Quan FEMA trên toàn quốc, hay cơ quan nầy có một nghị trình nào khác?

Vào tháng 4/2013, FEMA tiến hành một cuộc thực tập đáp ứng khẩn cấp (emergency response drill) tại Moscow, thuộc tiểu bang Idaho. Nhưng mục tiêu cuộc thực tập không phải là trắc nghiệm khả năng phản ứng đối với một cuộc tấn công hay một thiên tai.

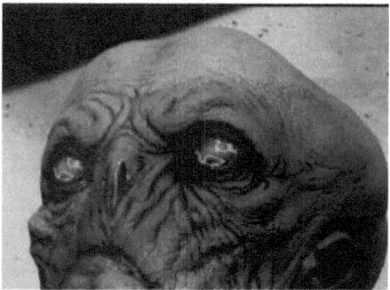

Mục tiêu của cuộc thực tập là thí nghiệm khả năng đáp ứng với vụ rơi của một đĩa bay được điều hành bởi những người hành tinh trông giống như những thây ma biết đi (zombie-like aliens) có khả năng phát tán một vi khuẩn chết người với một tốc độ khủng khiếp.

Phải chăng kịch bản thực tập ở Idaho chỉ là hư cấu, hay phải chăng chính phủ đang hành động dựa trên tin tức tình báo về đĩa bay? Phải chăng những thập niên sợ hãi và thao túng thực

Chương XI: Hốt Hoảng về Đĩa Bay

ra đã được tiến hành vì công ích? Và nếu thế, phải chăng chúng ta đang nhanh chóng tiếp cận một trò chơi tận thế khủng khiếp?

Ở điểm nầy, một lần nữa, phải chăng họ thực sự hành động vì công ích? Chính phủ đã thường xuyên tiến hành tuyên truyền và cẩn thận thao túng dư luận quần chúng bằng dối trá. Rất có thể chính phủ Hoa Kỳ đang bưng bít sự thật về người hành tinh để ngăn ngừa hỗn loạn hay bưng bít như một phương tiện để siết chặt ách thống trị của chủ nghĩa độc tài mềm Do Thái trị? Robert Salas, một đại úy Không Quân hồi hưu, tin rằng chính phủ và quân đội có một nghị trình bí mật nhằm bưng bít sự hiện hữu của người hành tinh. Có một nhóm nhỏ những cá nhân bên trong chính phủ và bên ngoài chính phủ đang kiểm soát hiện tượng nầy. Đó không phải vì lợi ích chung. Đó không phải vì quan tâm đến an ninh công cộng. Cánh cửa đó đã đóng lại từ lâu rồi. Đây là một việc phức tạp vì những bí mật nầy rất có uy lực nên những người kiểm soát nó... Có thể đó chỉ là vấn đề quyền lực và lòng tham.

CHƯƠNG XII

Kim Loại Ngoài Hành Tinh

Primary reference:
** Unsealed: Alien Files, American Television Series, Season 3, Episode 11. - Mary Carole McDonnell

(Phần lớn nội dung của chương nầy có thật. Có thể một số nội dung trong chương nầy đã được trình bày trong một chương trước đây hay một tập trước đây, nếu có phần nào được lặp lại ở chương nầy thì chỉ để bổ sung cho nội dung mới.)

"*Một nỗ lực toàn cầu đã bắt đầu. Những hồ sơ bị bưng bít với công chúng từ nhiều thập niên, với nhiều chi tiết về đĩa bay, hiện đang được phơi bày cho mọi người. Chúng tôi sẽ phơi bày sự thật phía sau những tài liệu mật nầy. Hãy tìm hiểu xem những gì mà chính phủ Hoa Kỳ không muốn cho bạn biết. Unsealed: Alien Files sẽ phơi bày những bí mật lớn nhất trên Trái Đất.*"
- Mary Carole McDonnell

** *Unsealed: Alien Files* là một bộ phim truyền kỳ Mỹ được trình chiếu lần đầu vào năm 2011 ở Hoa Kỳ. Bộ phim nầy điều tra về những tài liệu liên quan đến các trường hợp nhìn thấy và đối tác với *UFO* (unidentified flying object) - vật bay lạ hay đĩa bay - được công khai với dân chúng vào năm 2011 dựa theo Đạo Luật *Freedom of Information Act*. Mỗi kỳ (episode) của bộ phim nầy xem xét những trường hợp đĩa bay được nhìn thấy, những trường hợp bị người hành tinh bắt cóc, âm mưu bưng bít của chính phủ và tin tức đĩa bay khắp thế giới.

1. Tổng Quát

Các quốc gia khắp thế giới được nói đã thu hồi những mảnh kim loại từ những các đĩa bay bị rơi. Và một số chuyên gia tin rằng những mảnh nầy có thể chứa đựng những bí mật người sức tưởng tượng.

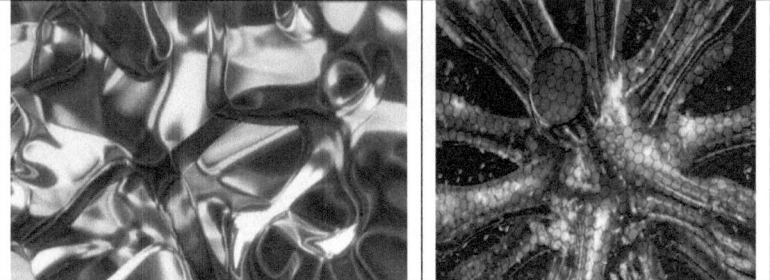

Chúng ta thực sự biết được bao nhiêu về những kim loại bí ẩn nầy? Liệu chúng đã thâm nhập vào đời sống hằng ngày của chúng ta mà chúng ta không hề hay biết? Và liệu chúng có đặt ra một hiểm họa nghiêm trọng nào mà chúng ta chưa nhận thức được?
Từ những thân tàu tự hàn gắn đến những mô cấy hắc ám của người hành tinh (sinister alien implants), chương nầy sẽ phơi bày những bí mật của các kim loại đĩa bay và của các đĩa bay nói chung.

2. Nội dung chính

2.1 Del Rio, Texas, 1955

Chương XII: Kim Loại ngoài Hành Tinh

Đại Tá Robert B. Willingham là một phần của một đơn vị tham gia vào một cuộc tập trận ném bom mô phỏng. Đơn vị nầy đã nhìn thấy một quả cầu lửa đang phóng nhanh qua bầu trời về hướng đông. Willingham tò mò theo dõi, cho đến khi vật bay đột ngột quay 90 độ về hướng nam. Ông được lệnh điều tra và rượt đuổi. Ông đuổi theo đĩa bay về hướng Rio Grande. Tại đây, một lúc sau, chiếc đĩa bay lảo đảo và rơi xuống trên bờ sông về phía Mexico.

Khi trở về căn cứ, Willingham tranh thủ trợ giúp của một đồng nghiệp và họ cùng nhau dùng một phi cơ huấn luyện nhỏ để bay trở lại địa điểm đĩa bay bị rơi. Ở đó họ thấy các binh lính Mexico đứng canh gác một đĩa bay màu bạc bị chôn vùi một phần dưới đất.

Willingham kinh ngạc nhìn thấy thi thể của ba phi hành đoàn người hành tinh. Các binh lính Mexico yêu cầu những người Mỹ rời khỏi lập tức. Nhưng trước khi đi, Willingham lén lấy một mảnh kim loại nhỏ từ chiếc đĩa bay bị rơi.

Khi trở về căn cứ Fort Worth, Willingham xem xét mảnh kim loại ông đã lén nhặt.

Bên trong mảnh kim loại có hình tổ ong, nhưng kim loại đó có vẻ rắn hơn thép. Ông thử cắt mảnh kim loại đó bằng đuốc hàn nhưng không thành công. Mảnh kim loại khác hẳn mọi kim loại mà ông từng thấy trước đó. Nhưng trước khi điều tra những bí mật của nó xa hơn, Willingham được lệnh giao nạp mảnh kim loại đó cho một phòng thí nghiệm ở Maryland. Đó là cơ hội cuối cùng ông nghe thấy về loại kim loại bí ẩn.

2.2 Kỹ thuật từ tương lai

Chẳng bao lâu sau, Willingham nhận được điện thoại với giọng đầy hăm dọa, cảnh cáo ông đừng bao giờ tiết lộ những gì ông đã thấy tại biên giới Mexico hôm đó. Mãi đến hơn 20 năm sau viên phi công nầy mới công khai câu chuyện của ông.

Những gì đã xảy ra cho mảnh kim loại nhặt ở Del Rio? Ai đã hăm dọa Robert Willingham? Và tại sao họ nhất quyết phải bịt miệng ông đến thế? Các chuyên gia tin rằng, từ nhiều thập niên, quân đội Hoa Kỳ đã tiến hành một chương trình bí mật nhằm đảo người quy trình kỹ sư (reverse engineering) những di tích người hành tinh để bước vào thế hệ kế tiếp của vũ khí kỹ thuật cao.

Theo Bill Birnes (hình trên), làm thế nào chúng ta có thể phát triển được một kim loại rất nhẹ, rất dẻo, đồng thời mạnh hơn cả thép? Có thể kim loại đó đến từ tương lai. Có thể chúng đến từ một hành tinh khác, nhưng một khi chúng ta đặt tay lên kỹ thuật nầy, chúng ta phải nhận thức sẽ làm gì và sau đó xử dụng những phương pháp kỹ nghệ của chính chúng ta, những phương pháp khoa học của chính chúng ta - để tái tạo nó.

Chương XII: Kim Loại ngoài Hành Tinh

Theo John Greenewald Jr. (hình trên), giả sử chúng ta bắt đầu xử dụng một loại kỹ thuật được tạo ra 10,000 năm, 100,000 năm hay thậm chí cả triệu năm vượt quá thực thể của chúng ta ngày nay. Theo một quan điểm tiến hóa, đó là một kịch bản nguy hiểm.

Và những gì mà một kim loại ngoài hành tinh có thể có đã thực sự tạo ra bước nhảy vọt lớn lao trong kỹ nghệ quân sự.

2.3 Biến cố Dalnegorsk, Nga

Đó là ngày 29/1/1986.

Các cư dân của tỉnh nhỏ nầy trong vùng mỏ miền duyên hải Thái Bình Dương của Liên Xô ngơ ngác đứng nhìn một quả cầu đỏ phóng qua bầu trời đêm trước khi rơi xuống một sườn núi. Một đám đông đã tụ tập tại địa điểm rơi. Ở đó, họ phát hiện một cái hố đang bốc khói, chung quanh là một khu vực rộng bao phủ bởi một màn đen kỳ lạ.

Nếu xem kỹ hơn, màn đen đó có chứa những viên bi kim loại dị thường.

Những viên bi nầy hóa ra là chì, nhưng thuộc một loại chưa từng thấy trước đây.

Theo Lee Spiegel (hình trên), 3 trung tâm hàn lâm và 11 viện nghiên cứu Xô Viết đã phân tích các vật được tìm thấy chỗ đĩa bay rơi. Khoảng cách giữa các nguyên tử khác với loại sắt thường. *Radar* không phát hiện được chất chì nầy. Những yếu tố trong chất chì có thể biến mất và xuất hiện những yếu tố mới sau khi nung nóng. Một viên bi rõ ràng đã hoàn toàn biến mất ngay trước mắt 4 nhân chứng.

Chương XII: Kim Loại ngoài Hành Tinh

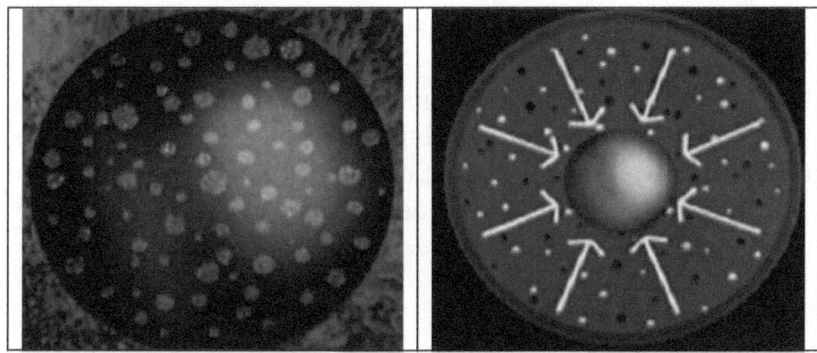

Cơ Quan Tình Báo Trung Ương CIA tiến hành cuộc điều tra của chính họ về biến cố Dalnegorsk. Một tài liệu giải mật vào năm 1989 cho biết các khoa học gia Xô Viết tin rằng vật bay là một con tàu ngoài trái đất được chế tạo bởi những hữu thể cực kỳ thông minh.

2.4 Hợp kim tự hàn gắn

Các mẫu của kim loại nói trên được đưa lậu ra khỏi nước Nga trong những năm hỗn loạn theo sau sự sụp đổ của khối Liên Xô cũ. Gần đây, Trung Tâm Nghiên Cứu *Langley Research Center* của NASA thông báo việc phát triển các hợp kim có khả năng tự hàn gắn lại như cũ khi bị đạn bắn xuyên thủng.

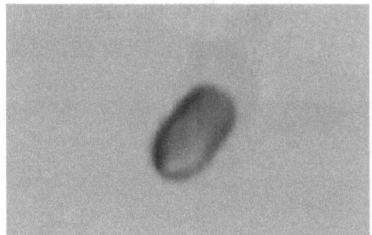

Phải chăng thế hệ mới của NASA về kim loại sống là kết quả của tiến trình đảo ngược quy trình kỹ sư trong kỹ thuật người hành tinh được thu hồi từ những hiện trường như Del Rio và Dalnegorsk? Và những yếu tố ngoài hành tinh nầy có thể có hệ quả nào khác trên tương lai của chúng ta?

Nhiều chuyên gia tin rằng những kim loại ngoài hành tinh được thu hồi từ các đĩa bay rơi được bí mật đảo ngược quy trình kỹ sư để trở thành thế hệ mới nhất trong kỹ thuật quân sự. Nhưng với một đĩa bay được thu hồi, còn bao nhiêu đĩa bay đã đáp xuống trái đất mà con người không hay biết? Và đâu là hậu quả do những khối kim loại ngoài hành tinh đó gây ra trên môi trường sống của chúng ta?

2.5 Delphos, Kansas

Đó là ngày 2/11/1971

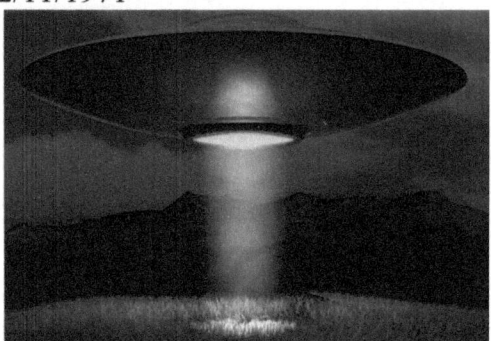

Trong khi Ron Johnson 16 tuổi đang làm việc trong nông trại gia đình bỗng nhiên cậu phát hiện một vật bay kỳ lạ đang lơ lửng trên bầu trời đêm. Đó là một con tàu hình nấm bằng kim loại, phát ra một ánh sáng chói mắt từ bên dưới thân tàu. Ron chạy đi gọi cha mẹ, nhưng lúc họ đến nơi thì chiếc đĩa bay hầu như đã biến mất. Tuy nhiên, con tàu đã để lại một cái gì phía sau.

Đó là một cái vòng hình nhẫn sáng chói cháy sâu xuống đất. Gia đình Johnson về sau mô tả cái vòng đó như là một loại vỏ kỳ lạ, tựa như đất bị kết tinh lại. Vì quá ngạc nhiên, mẹ của John thử sờ vào cái vòng và những ngón tay của bà lập tức tê cứng. Khi quay trở lại vào sáng hôm sau, họ thấy một trận mưa đêm đã khiến mặt đất ướt sũng, nhưng cái vòng trong đất vẫn khô.

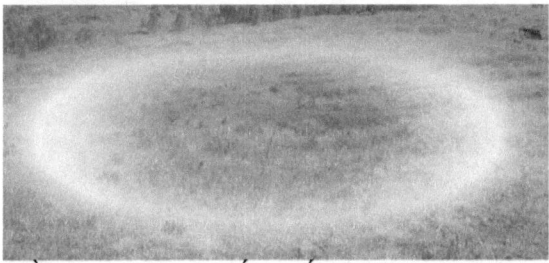

Một nhà điều tra đĩa bay đến viếng hiện trường và lấy mẫu đất tại cái vòng để phân tích. Người ta tìm thấy mẫu đất có chứa những đơn tử *hydrocarbon* hoàn toàn xa lạ với khoa học, cùng với một chất hữu cơ khác thường làm bằng những sợi màu trắng giống như thủy tinh. Nhưng cái gì đã tạo nên hiện tượng đó? Cái gì đã khiến đất thường bị thay đổi để trở thành một chất hoàn toàn khác hẳn?

Câu trả lời có thể nằm bên trong chiếc đĩa bay. Những con tàu do con người sản xuất chủ yếu đều dựa vào nhom để chế tạo vỏ ngoài. Nhưng bảng yếu tố hóa học cũng bao gồm một số những kim loại phóng xạ, những chất tương đối hiếm trên trái đất.

Phải chăng những yếu tố phóng xạ nầy có rất nhiều trong các kim loại ngoài hành tinh? Phải chăng đĩa bay ở Delphos phát ra phóng xạ, hay nó được trang bị với một năng lượng vũ trụ nào khác mà chúng ta chưa hiểu được?

Chỉ hai năm trước vụ đĩa bay ở Delphos, vào năm 1969, chính phủ Hoa Kỳ đã thông qua Đạo Luật *Extraterrestrial Exposure Law* (Đạo Luật Cấm Tiếp Cận Người Hành Tinh), cấm mọi công dân thu hồi, tiếp cận với bất kỳ nhân viên, con tàu, hay tài sản nào khác đi vào trái đất từ ngoài không gian. Mặc dù được giới thiệu như là một biện pháp an ninh quốc gia nhằm ngăn ngừa lây nhiễm có thể có, đạo luật nầy cho phép các cơ quan chính phủ được toàn quyền cưỡng bách cô lập những người vi phạm.

Phải chăng những đĩa bay thực sự đặt ra một rủi ro sức khỏe đáng kể cho công chúng?

2.6 Những ổ đĩa bay

Đó là ngày 19/1/1966 tại Queensland, Úc Đại Lợi

Chủ trại George Pedley ngơ ngác đứng nhìn một con tàu khổng lồ bằng kim loại phóng lên từ một đầm nước gần đó. Sau khi bay khỏi những ngọn cây, con tàu đột ngột tăng tốc rồi biến mất vào không trung.

Pedley kinh ngạc khi cảm thấy đáy nước đất sinh lầy trở nên hoàn toàn bằng phẳng giống như một đáy hồ bơi. Đĩa bay đó rõ ràng đã nằm bên dưới mặt nước một thời gain nào đó.

Cuối cùng, thêm 5 ổ đĩa bay loại đó được khám phá trong khu vực của nông trại. Biến cố đó làm dấy lên những câu hỏi đáng ngại. 70% mặt đất toàn cầu bao gồm các đại dương, hồ, và sông. Có bao nhiêu đĩa bay đang ẩn núp bên dưới? Và liệu những yếu tố mới lạ lùng nầy có đặt ra một mối đe dọa nào cho nhân loại hay không?

Nhiều chuyên gia cho rằng chỉ cần một sự hiện diện của đĩa bay không thôi cùng với hóa chất trong kim loại của nó cũng có thể đủ ảnh hưởng nghiêm trọng đến môi trường của trái đất vốn đã mong manh sẵn. Những gì sẽ xảy ra khi con người vô tình tiếp xúc trực tiếp với một chất kim loại ngoài hành tinh?

2.7 Suffolk, Anh Quốc

Đó là ngày 27/12/1980

Theo lời Nick Pope, Cựu Bộ Trưởng Quốc Phòng Anh, những binh sỹ không quân Hoa Kỳ đồn trú tại hai căn cứ *RAF Bentwaters* và *RAF Woodridge* nhìn thấy những tia sáng lạ phát ra từ khu rừng Rendlesham gần đó.

John Burroughs và Jim Penniston, cùng với những quân nhân khác tìm cách xin phép đến khu rừng để điều tra những gì mà ban đầu họ tưởng là một máy bay rơi. Khi đi gần đến hiện trường, hai người nầy nhìn thấy trong một vạt trống một *UFO* đáp xuống chứ không phải là một máy bay rơi.

Chương XII: Kim Loại ngoài Hành Tinh

Toán an ninh tiến đến đủ gần để ghi chép những dấu hiệu kỳ lạ trên thân tàu trông giống như những chữ viết tượng hình (Hieroglyphics) cổ Ai Cập.

John Burroughs và Jim Penniston đã đến rất gần vật bay nầy. Nó đã hạ xuống một khu đất trống nhỏ trong một khu rừng, và thực vậy, Jim Penniston tuyên bố rằng ông đã đến rất gần vật bay, ông có thể với tay để sờ nó. Ông cảm thấy một cái gì giống như một luồng điện chạy từ bàn tay đến cánh ta của ông.

"I reach out and touch it. I took my hand and ran it over the bottom symbols all the way across. It felt like going from smoothness of the metal to feeling sandpaper on each of them."

(Tôi với tay ra sờ nó. Tôi dùng bàn tay của tôi và rà sâu qua hết những ký hiệu. Tôi có cảm tưởng như đi từ trạng thái mượt mà của kim loại để trạng thái nhám của giấy nhám trên mỗi ký hiệu như thế.)

45 phút sau khi ông tiếp xúc lần đầu, chiếc đĩa bay biến mất vào trời đêm với một tốc độ khó tin. Nhưng đối với James Penniston và John Burroughs, biến cố đó sẽ có một hệ quả trên phần còn lại của cuộc đời họ.

Penniston: *For me, shortly after the incident happened, um, I started not feeling well. At one point my gums turned white. Um, a couple, three months later, uh, while at home on leave, I became very ill and went into the emergency room. OK? The doctor there listened to my chest and came back and says,*

"Well, what does the Air Force say about heart murmurs?"

"I... I don't have a heart murmur."

(Penniston: *Đối với tôi, ngay sau khi sự việc xảy ra, tôi bắt đầu cảm thấy không ổn. Một mặt, lợi của tôi bắt đầu trắng. Vài ba tuần sau, trong khi nghỉ phép ở nhà, tôi bắt đầu bệnh nặng và phải đi cấp cứu. Bác sỹ nghe tim tôi và quay trở lại nói với tôi,*
"*Không Quân có nói gì về chứng heart murmurs (tiếng thổi tim)?*"
"*Tôi không mắc chứng heart murmur.*")

Những gì đã xảy ra cho James Penniston và John Burroughs? Phải chăng họ bị nhiễm độc từ chất kim loại trên thân đĩa bay? Và những yếu tố độc hại đó có thể gây ra những gì khác?

2.8 Biến cố Cash-Landrum

Đó là ngày 29/12/1980, tại Dayton, Texas.

Bitty Cash, Vicky Landrum, và Colby (cháu của Landrum) đang lái xe dọc xa lộ bỗng nhiên không biết từ đâu ra một vật sáng hình thoi xuất hiện ngay bên trên chiếc xe của họ.

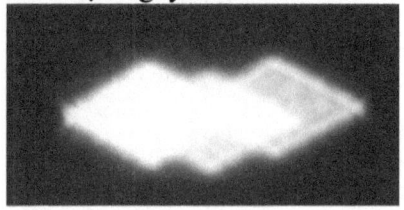

Chương XII: Kim Loại ngoài Hành Tinh

Họ dừng lại và ra khỏi xe để nhìn rõ hơn, chỉ để nhận phải một luồng hơi nóng khủng khiếp phát ra từ đĩa bay. Một lúc sau, không rõ từ đâu ra, khoảng 20 trực thăng không bảng số đột nhiên xuất hiện để truy cản các đĩa bay.

Nhưng đĩa bay nầy lập tức biến mất và các trực thăng rượt đuổi chúng, không để ý đến các nạn nhân bên dưới. Vài hôm sau Bitty Cash và Vicky Landrum ngã bệnh. Họ cho thấy những dấu hiệu cháy nắng nặng và bị rụng tóc.

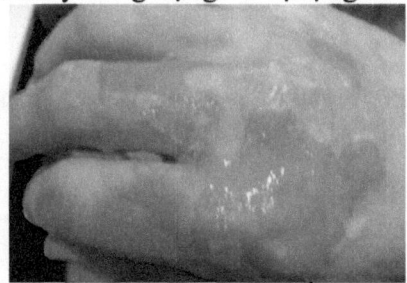

Những triệu chứng của Bitty Cash trầm trọng hơn cho đến khi bà không thể đi được nữa. Bà mất từng mảng da và tóc. Hai tuần sau biến cố đó, bà được đưa vào bệnh viện để điều trị 12 ngày. Chẩn đoán của họ? Các bác sỹ kết luận rằng cả ba nạn nhân đều bị nhiễm phóng xạ *ion* (ionizing radiation) và đang phát triển bệnh ung thư da. Họ sẽ vượt qua cơn bệnh, nhưng kinh nghiệm khủng khiếp sẽ ám ảnh họ suốt đời. Có thể nào chỉ mới tiếp xúc một lúc thôi với các kim loại đĩa bay cũng đưa đến chấn thương thân thể cả đời?

Theo John Greenewald Jr., chúng ta biết rằng không phải lúc nào khoa học cũng đúng. Khi chúng ta nhanh chóng đưa khoa học vào sử sách, chúng ta đang viết lại lịch sử. Những người mà chúng ta tôn trọng nhất như những khoa học gia lỗi lạc nhất trong lịch sử của chúng ta? Chúng ta đang chứng minh là họ sai.

Nhiều chuyên gia tin rằng đĩa bay được chế tạo từ những kim loại ngoài trái đất có thể nguy hại cho sức khỏe con người và hành tinh chúng ta. Nhưng một số chuyên gia về đĩa bay tin rằng có một hiện tượng thậm chí hắc ám hơn phát xuất từ những kim loại ngoài hành tinh, một hiện tượng, ít nhất trên bề mặt, không có vẻ gây nguy hại vật lý nơi chủ thể. Và theo một số người, số người đã bị nhiễm còn nhiều hơn chúng ta tưởng. Theo một ước tính, 10 triệu người trên toàn thế giới cho biết đã bị người hành tinh bắt cóc trong vòng nửa thế kỷ kể từ khi bắt đầu có hồ sơ ghi chép. Và một số trở về với những hậu quả lớn hơn chứ không chỉ là những vết thương cảm xúc liên quan đến kinh nghiệm đã qua. Ví dụ điển hình là những mô cấy của người hành tinh (alien implant)

2.9 Những mô cấy

Theo Dr. Roger Leir (hình trên),
When you look at these objects through a microscope at low magnification, 50 to 100 power, which is a typical biological microscope, you can se a little piece of metal sticking out covered with some kind of biological tissue.
(Khi bạn nhìn vào những vật nầy qua một kính hiển vi với độ phóng đại từ 50 đến 100 - loại kính điển hình - bạn có thể nhìn thấy một mảnh kim loại thò ra được bọc trong một loại mô sinh học.)
Dr. Roger Leir chuyên môn về những mô cấy của người hành tinh (alien implants), tức những mảnh kim loại do người hành tinh cài đặt trong cơ thể của những người bị bắt cóc.

Chương XII: Kim Loại ngoài Hành Tinh

Mục tiêu đích thực của sự kiện nầy hãy còn là một bí mật. Một số người tin rằng những mô cấy là một phương tiện kiểm soát não bộ (mind control). Những người khác nghĩ rằng chúng là một phương tiện biến cải con người về mặt di truyền để họ trở thành những người lai chủng giữa người trái đất và người hành tinh.

Leir tin rằng những mô cấy đặt ra một hiểm họa và ông đã bỏ ra 50 năm gần đây để tháo gỡ chúng bằng giải phẫu. Và theo ông, đó là một nhiệm vụ bất tận. Trong hiện tượng bắt cóc, rõ ràng có khoảng từ 10% đến 15% những người tin mình thực sự bị cắt cóc và có thể bị người hành tinh cấy mô. Bây giờ chúng ta nói về những mô cấy có thể nhìn thấy được bằng xạ quang (X-ray hay CAT scan). Dựa trên những ước tính của Dr. Leir, có thể có đến một triệu người đang mang những mô cấy người hành tinh, và một số chuyên viên tin rằng có thể có hàng triệu người khác nữa đã bị bắt cóc mà không nhớ lại được thảm kịch khủng khiếp đã xảy ra.

Phải chăng những kim loại không phát hiện được của người hành tinh đang biến cải mọi cấu tố trong đời sống của chúng ta thành những quả bom định giờ cho một đại họa tận thế dưới sự đạo diễn của người hành tinh?

PHỤ LỤC I

Hệ Thống Siêu Quyền Lực Illuminati của Do Thái

** Chương nầy dựa vào tài liệu của Texe Marrs trong *World Conspiracy*.

1. Mạng nhện hậu trường

** **Rex Bradford:** *"Bên dưới cái bề mặt có vẻ trật tự của chính phủ Hoa Kỳ là cả một mạng lưới phức tạp, chỉ được cấu trúc một phần, liên kết ảnh hưởng của đám tài phiệt Do Thái Wall Street, bộ máy quan liêu, và bộ máy quân sự-kỹ nghệ. Ở đó chính là quyền lực đích thực của đế quốc Hoa Kỳ: Mạng nhện hậu trường không được ai bầu ra, không chịu trách nhiệm trước bất cứ ai, và miễn nhiễm với mọi đối kháng của quần chúng."*

Cái mạng nhện mà Peter Scott đề cập ở trên mang nhiều tên khác nhau, như *Shadow Government* (Chính Phủ Ma), *Deep State* (Nhà Nước Chìm), *Mystery Religion* (Tôn giáo Huyền bí), *Money Power* (Độc Quyền Tài Phiệt), *Bilderberg, Trilateral Commission, Rockefellers, Rothschilds* v.v...
Đích thực đó là Hệ Thống Siêu Quyền Lực Ẩn Danh **ILLUMINATI** của Do Thái. Đặc biệt kể từ thời Franklin D. Roosevelt và Harry Truman (hậu Đệ Nhị Thế Chiến) lịch sử Hoa Kỳ hầu như là lịch sử âm mưu thao túng của tập đoàn Do Thái Quốc Tế (World Jewry) trên chính phủ Mỹ từ trong bóng tối. Thực vậy, kể từ sau Đệ Nhị Thế Chiến, quyền lực của Nhà Nước Chìm đã tự do bành trướng. Thông qua *CIA* và *FBI*, những thế lực đó tiếp tục thao túng chính sách của

Hoa Kỳ ngày nay. Cũng kể từ sau Đệ Nhị Thế Chiến, từ thời John F. Kennedy đến thời Ronald Reagan, gần như chỉ có bốn đời tổng thống của giai đoạn nầy dám đối mặt với những tham vọng bá chủ thế giới của Nhà Nước Chìm nói trên và tất cả đều bị kết liễu trước nhiệm kỳ. Thế thì thực chất ra sao đối với những đời tổng thống Mỹ khác từ sau Reagan đến Obama? Phải chăng chính quyền Obama/Kerry đương nhiên là một sản phẩm của Nhà Nước Chìm đó?

** Johnny Cirucci (trong *"Illuminati Unmasked"*):
- *"Barack Obama có những liên hệ kinh ngạc với Tôn Giáo Huyền Bí đó – chứ không phải với Hồi giáo;
- Chính sách của Hoa Kỳ bị thao túng và thế lực nào nắm quyền kiểm soát mọi ban ngành của chính phủ?
- Tất cả những đe dọa từ bên ngoài – nhập cư bất hợp pháp, đại dịch, khủng bố - đều do cùng một hệ quyền lực dàn dựng;
- Giới lãnh đạo của hai đảng đều cúi đầu trước quyền lực ẩn danh nầy;
- Những giai đoạn tồi tệ nhất của Hoa Kỳ đều bắt nguồn từ quyền lực ẩn danh nầy;
- Những nhà ái quốc Hoa Kỳ đã bị chúng vu khống và sát hại, kể cả Abraham Lincoln và John F. Kennedy; ám sát là sở trường của chúng;
- Lịch sử bị chúng xuyên tạc: Cộng Sản và Đức Quốc Xã đều bắt nguồn từ chúng;
- Mind control (Điều khiển não bộ): Tà thuật, ma túy, CIA...
- Những trò đĩa bay, người ngoài hành tinh... đều là thủ đoạn nhằm thiết lập Thế Giới Đại Đồng mệnh danh là One-World Government hay New World Order;*

2. *Illuminati* và Cách Mạng Máu

Riêng về Hệ thống Siêu Quyền Lực *Illuminati*, Texe Marrs, tác giả của cuốn sách *World Conspiracy*, đã dày công nghiên cứu chi li chủ nghĩa nầy, ghi chú cẩn thận nguồn gốc, lịch sử, giáo điều, và mục tiêu của nó. Trong suốt những cuộc điều tra đó, nổi bật một sự kiện độc sáng: *Những thành viên Illuminati là một nhóm người dã man khát máu nhất chưa từng thấy trên trái đất. Illuminati* hoàn toàn không phải là một giai cấp ưu tú có văn hóa, văn minh, và tinh tường, mà là một thành phần từng liên tiếp cho thấy những bản năng tà đạo và cực kỳ khát máu.

Cách mạng *Illuminati* bắt nguồn từ thời Loyola và Alumbrados ở Tây Ban Nha đến thời Voltaire và Robespierre của Cách Mạng Pháp, rồi tiếp đến Lenin và Trotsky của phong trào *Bolshevik* khét tiếng ở Nga, đến Mao Trạch Đông và Pol Pot trong chủ nghĩa man rợ Á Châu. Quá trình khủng bố và máu đó đã mang đầy đủ sắc thái của hung thần "khai sáng (enlightened)" kiểu *Lucifer*. (Theo Kinh Thánh, Lucifer là con rắn trong Vườn Địa Đàng đã cám dỗ Eve, người đàn bà đầu tiên của nhân loại, và tuyên bố cuối cùng sẽ đánh bại Thượng Đế để cai trị trời và đất). Về mặt nghĩa ngữ, *Illuminati* và *Enlightenment* đều có nghĩa là *"khai sáng,"* nhưng *"khai sáng"* như thế nào chính là vấn đề.

3. Thời đại khủng bố

Nghi án chính của *Illuminati* 500 năm qua là Cách Mạng Máu của họ. Điều đáng chú ý là các sử gia đã gọi giai đoạn Cách Mạng Pháp là **Thời Đại Khủng Bố (Age of Terror** hay đơn thuần là **The Terror – La Terreur** trong tiếng Pháp). Tương tự, các nhà biên khảo về học thuyết Lenin ở Liên Xô gọi giai đoạn 1917-1923 là **Khủng Bố Đỏ (Red Terror)**.4.

Tại Pháp, vào năm 1798, Voltaire, thành viên Tam Điểm (Freemason), nói riêng với những tay đồng lõa *Illuminati* thuộc cánh *Jacobin* của ông: "Mục tiêu đích thực của chúng ta là nghiền nát tên khốn nạn (the wretch)." Từ *"the wretch"* mà Voltaire ám chỉ chính là Jesus Christ. Và do đó, một nhóm nhỏ những tên âm mưu cuồng tín đã ra tay phá hoại mọi tôn giáo có tổ chức, giết hại mọi tu sỹ và linh mục, triệt hạ văn minh, và đưa nhân loại trở lại tình trạng man khai. Nhóm âm mưu nầy được tổ chức bởi Adam Weishaupt, một giáo sư Dòng Tên từng được gọi là "một ác quỷ đội lốt người (human devil)." Trong cuốn sách cổ điển *Memoirs Illustrating the History of Jacobinism*, khi mô tả hệ thống *Illuminati*, Abbe Barruel khẳng định rằng, "Mục tiêu chủ yếu của âm mưu nầy là lật đổ mọi bàn thờ dùng thờ Chúa Ky-Tô. Thực chất âm mưu của họ là mối hận thù khôn nguôi đối với Jesus Christ và các vì vua."

4. Liberty, Equality, Fraternity

Khẩu hiệu và châm ngôn xách động của âm mưu *Illuminati* ở Pháp là: *Liberty, Equality, Fraternity (Tự Do, Bình Đẳng, Bác Ái)*. Đó nghe có vẻ là những mục tiêu có giá trị. Nhưng trên thực tế, ý nghĩa và hành động thực sự của ba từ ngữ nầy mang tính ma quỷ.

(i) *Liberty*. Đối với *Illuminati*, *Liberty* có nghĩa là tự do của con người đối với Thượng Đế, tự do của con người được quyền hành động theo ý muốn, hành động khi nào họ muốn, độc lập với những ràng buộc của Cơ Đốc Giáo. Nổi loạn và vô chính phủ phải được xử dụng để hoàn thành loại tự do như thế.

(ii) *Equality*. Đối với *Illuminati*, *Equality* hàm ngụ rằng tất cả quyền hành phải được hủy bỏ và không một ai được quyền sở hữu của cải nhiều hơn người khác. Con người sẽ có ít hoặc không có tài sản để ràng buộc họ, không gia đình hay con cái, không thành phố, không chính phủ. Thay vì thế, con người, sau khi quay trở lại tình trạng man khai, sẽ sống thuần túy trong thiên nhiên trong một trạng thái man rợ và sơ khai, nhưng lạc thú.

(ii) *Fraternity*. Đối với *Illuminati*, *Fraternity* có nghĩa là mọi người đều là anh em; những cơ cấu giả tạo về biên giới quốc gia, tôn giáo, chủng tộc, v.v.. đều lỗi thời cả.

Để đạt được những mục tiêu của *Liberty, Equality, Fraternity*, Dr. Guillotine, một bác sỹ thành viên Tam Điểm, đã phát minh một máy chém đầu đẫm máu, và thế là bao nhiêu cái đầu bắt đầu rơi xuống. Hoàng Đế và Hoàng Hậu chỉ là hai trong số hàng ngàn người bị hành quyết, Kế đó, vì nhận thấy máy chém đó quá cồng kềnh và chậm chạp – chỉ chém được một người mỗi lần - những phương pháp giết người khác được mang ra xử dụng.

5. Ngược đãi tín đồ và giáo đường Cơ Đốc

Trong các tỉnh và thành phố khắp nước Pháp, những tín đồ Cơ Đốc nào từ chối tố cáo Chúa Ky-Tô đều bị trói tay chân và tống lên những chiếc thuyền. Sau đó những chiếc thuyền nầy được đẩy ra những vùng nước sâu của các con sông. Thế là những xạ thủ bắt đầu bắn thủng thuyền cho chìm. Trong khi những tiếng kêu tuyệt vọng vang lên từ những chiếc thuyền đang từ từ chìm, những tín đồ Cơ Đốc bị trói cũng từ từ chìm theo.

Những mục sư Tin Lành cũng như những linh mục Công Giáo đều bị bịt mắt. Nhiều người bị bắn, những người khác bị đâm bằng lưỡi lê, những người khác nữa thì bị đạp cho chết hay bị giết bằng gươm. Bọn nổi loạn điên cuồng đã xé xác nhiều người ra từng mảnh. Một số những ai chịu tố cáo Chúa Ky-Tô thì được tha chết sau khi bị làm nhục. Bên trong các giáo đường, bọn côn đồ cách mạng đập tan những cửa kính, phá hoại hay đại tiện lên các ghế dài, vứt xuống những cây thánh giá rồi tiểu tiện lên. Trong một số giáo đường, những phụ nữ trần truồng "diễn hành" như những *Lady Liberty (Thần Tự Do),*" tiến lên bàn thờ để cho những tên nổi loạn say mềm tôn vinh và ve vuốt đồng thời chửi bới Thượng Đế. Những tranh ảnh khiêu dâm đồi trụy được trưng bày tại các trung tâm triển lãm và tại tư gia.

Khắp nước Pháp, hơn ba triệu người bị giết – nhiều người trong số nầy là những tiểu thương và chủ tiệm buôn, chủ nông trại nhỏ, và những người già biết kiêng nể Thượng Đế. Trong một số trường hợp, toàn bộ các tỉnh lỵ bị cày sạch và phá hủy. Cuối cùng những tên hành quyết lại bị hành quyết. Đến lượt Robespierre, thủ lĩnh của những tên đồ tể *Illuminati* bị lôi cổ lên máy chém và bị chém đầu. Đó là nợ máu trả bằng máu. Khủng bố đáp lại khủng bố. Khi cuối cùng nạn khủng bố chấm dứt, Napoleon, vị thánh giả, xuất hiện trên sân khấu. Nhiều người hơn nữa bỏ mình trong các cuộc chiến tranh và chết vì nạn đói theo sau ngày lên ngôi của tay độc tài Đảo Corse.

6. Hung Nô và Ác Quỷ

Tuy nhiên, chính ở Nga và những Cộng Hòa Xô Viết hệ thống *Illuminati* mới đưa khủng bố đẫm máu lên đỉnh cao tối hậu của hoàn chỉnh. Như Donn de Grand Pré cho thấy trong tác phẩm sôi động của ông, *Barbarians Inside the Gates,* những cuộc cách mạng Pháp và cách mạng *Bolshevik* được tài trợ, xúi dục, và giám sát bởi những tên "Do Thái không phải Do Thái," và được hỗ trợ và khuyến khích bởi những tên "Cơ Đốc không phải Cơ Đốc." Marx là một tên Ác Tăng Do

Thái (satanic Jew) với những công trình văn học đã gợi hứng cho Cách Mạng Nga và phong trào Khủng Bố Nga. Lenin, lãnh tụ của cuộc cách mạng đẫm máu ở Nga, có vợ là một người Do Thái, và chính y cũng là Do Thái. Trotsky, trợ tá cho Lenin và cũng là một tên man rợ, cũng là một tên Do Thái thế tục (secular Jew) – hắn quê quán ở Bronx, New York City, và tên thực của hắn là Lev Bronstein. Hầu như tất cả giới lãnh đạo Cộng Sản đều là Do Thái.

Trong cuốn sách Under the *Sign of the Scorpion,* của Juri Lina, một tác phẩm đầy kinh ngạc được xuất bản ở Thụy Điển, tác giả xử dụng những tư liệu văn khố mới được khai quật từ Nga để cuối cùng giải thích cuộc Khủng Bố Đỏ (Red Terror). Lina ghi chú rằng chính Nadezhda Krupskaya, vợ của Lenin, đã kể lại trong cuốn hồi ký của bà rằng có một lần Lenin chèo thuyền ra một hòn đảo nhỏ trên Sông Yenisei, nơi có nhiều thỏ hoang đã đổ về đó trong mùa đông. Như một thú vui bệnh hoạn, tên Lenin tàn nhẫn đã dùng báng súng đập chết rất nhiều con thỏ rồi chất chúng lên thuyền; và, vì số thỏ quá nhiều nên thuyền đã chìm. Lenin ngất ngây vui thú khi ngắm cảnh tượng ghê tởm đó.

Trong tư thế của một nhà độc tài, Lenin đón nhận những phương pháp khủng bố tàn nhẫn của Robespierre, lãnh tụ *Illuminati* của Pháp. Để hỗ trợ cho những vụ giết người, Lenin đã huy động 1,400,000 tên Do Thái, bố trí nhiều tên trong số chúng làm việc cho Sở Mật Vụ *Cheka*. Lenin ra lệnh chó *Cheka* phải "hành quyết những người có vũ khí (execute weapons owners)!" Họ cũng phải giết càng nhiều sinh viên càng tốt, kể cả những thiếu niên mà chúng nhìn thấy có đội mũ học sinh.

Những trại tập trung được dựng lên, trong đó những nạn nhân không hề được trồi đầu lên. Những xà lan được xử dụng để nhận chìm người. Các giáo sỹ Cơ Đốc bị móc mắt, cắt lưỡi, cưa tay, chọc thủng đầu bằng những dụng cụ làm răng - những nạn nhân còn la hét chứng tỏ họ vẫn còn sống. Những người kế cận bị buộc phải chẻ sọ của các nạn nhân ra để ăn óc của họ, để rồi sau đó chính họ cũng bị hành quyết. Những gia đình bị bắt toàn bộ, mẹ thì bị hiếp dâm và giết trước sự chứng kiến của chồng và con cái. Cuối cùng tất cả đều bị tra tấn thô bạo đến chết. Sông Volga và những con sông khác nhuộm đỏ vì máu. Các giáo đường hầu như khắp nơi đều bị càn quét và cày xới hoang tàn hoặc biến thành những nhà kho. Một số ít giáo đường được giữ lại để Cộng Sản có thể rêu rao là có tự do tôn giáo.

7. Khủng bố và khủng bố tàn nhẫn hơn

Tuy vậy, Lenin và Trotsky không bao giờ hài lòng. Lenin ra lệnh *"Put more force into the terror (Hãy gia tăng cường độ khủng bố),"* Tờ báo Do Thái Nga *Yevreyskaya Tribuna* (24/8/1922) cho biết rằng Lenin đã hỏi xem các tổng giáo sỹ Do Thái ở Nga đã thỏa mãn chưa với những vụ hành quyết đặc biệt tàn nhẫn dáng vào giới tăng lữ Cơ Đốc và những tín đồ Co Đốc.
Trong cuốn sách của ông, Lina cho thấy Lenin thực sự xem Cách Mạng *Bolshevik* như là phản ảnh của Cách Mạng Pháp. Thực vậy, ông nói đúng – cả hai đều là những sản phẩm của thủ đoạn lừa bịp của *Illuminati*. Những tên cách mạng Pháp muốn thiết lập một Trật Tự Thế Giới Đại Đồng (a One World Order) trong đó Thượng Đế bị truất phế. Những tên cách mạng Cộng Sản *Leninist* cũng thế.

Vào tháng 8/1932, với căn bệnh giang mai đang hoành hành đầu óc, một Lenin bệnh hoạn ngồi trên hàng hiên trong chiều Giáng Sinh và tru lớn dưới trăng tròn như một con chó sói. Vài tuần lễ sau đó, Lenin qua đời. Nhưng Khủng Bố Đỏ chỉ mới bắt đầu. Người kế vị Lenin, Joseph Stalin, sẵn sàng khoác áo Lenin trong cương vị chỉ huy hành quyết. Từ năm 1923 đến khi chết, Stalin đã bảo đảm phải có hàng chục ngàn người nữa bị tẩy não, bị bắt, biệt giam trong những nhà thương điên và những trại tù trên quần đảo *Gulag*, và bị tra tấn trong những phòng kinh dị của *KGB*.

8. Thế giới đi về đâu

Vì Do Thái là một chủng tộc bị Trời đày không đất dung thân, *Illuminati* chỉ là âm mưu biến toàn bộ hành tinh thành Nhà Nước Do Thái mệnh danh là Trật Tự Thế Giới Mới (New World Order) hay Thế Giới Đại Đồng (One-World Order), trong đó nhân loại sẽ bị cai trị bằng tiền, máu, âm mưu, và tội ác, trong đó biên giới địa lý và chủng tộc cũng như chủ quyền của mọi quốc quy ước sẽ bị xóa sạch, nghĩa là sẽ mất tất cả, trong khi Do Thái, vì là những tên vô gia cư, chỉ được và không mất gì cả. Ví là đám vô gia cư nên Do Thái chỉ có được chứ không mất bất cứ thứ gì, trong khi các dân tộc khác sẽ mất đi đất nước và chủ quyền nếu âm mưu của Do Thái thành công. Mao Trạch Đông, Hồ Chí Minh, Kim Nhật Thành, Fidel Castro, những lãnh tụ Cộng Sản Đông Âu cũ... chỉ là bầy cừu đáng thương bị bọn tài phiệt Do Thái xỏ mũi dắt đi bằng sợi dây xích Cộng Sản Quốc Tế (Comintern) trong khi *Illuminati* mới đích thực là tên gọi của Cộng Sản Quốc Tế. Ở điểm nầy, Cách Mạng Văn Hóa thời Mao và Cải Cách Ruộng Đất ở Bắc việt thời Hồ Chí Minh đều mang dấu ấn phi nhân tính, vô học, mù quáng, man rợ, và tôi tớ của *Illuminati*.

Illuminati đứng phía sau những cuộc chiến đẫm máu, kể cả hai Đại Thế Chiến, hai quả bom nguyên tử dội xuống Nagasaki và Hiroshima, cuộc xâm lăng Iraq, Afghanistan, những vụ khủng bố như đánh bom tòa Tháp Đôi, khủng bố ở Oklahoma City, thảm sát ở Waco, Texas, khủng bố 9/11, đánh bom ở Luân Đôn, tấn công Tòa soạn báo Charlie Hebdo ở Paris... và tội ác diệt chủng của bọn *ISIS* hiện nay ở Trung Đông.

Ngày nay Stalin đã xuống địa ngục. Lenin, Mao, Hồ Chí Minh, Pol Pot, Voltaire, Danton, và Robespierre cũng thế. Nhưng hãy còn sống sót những quỷ dữ mang những trái tim đen của những con ác quỷ đội lốt người, không linh hồn, hiện đang trú ẩn trong xác và hồn của hệ thống siêu quyền lực *Illuminati*.

Khi thế giới vô tư đi về phía trước, rất có thể chúng ta tự hỏi, tới đây, sau Trung Đông, khi nào và ở đâu, những con người quỷ ám nầy của *Illuminati* sẽ hoành hành với xung lực "cách mạng" của chúng, tiến hành tội ác khủng bố đẫm máu của chúng. Âu Châu, Á Châu, Hoa Kỳ, quê hương của chúng? Có lẽ Á Châu sẽ là mục tiêu cuối cùng của *Illuminati* vì tập đoàn nầy đang ăn nên làm ra ở Trung Quốc và sẽ ra sức bảo vệ đám hậu duệ của Mao Trạch Đông.

Trên cơ bản, Do Thái là loài ký sinh; và yếu tính của loài ký sinh là tàn phá môi trường chủ trước khi tự diệt. *Illuminati* đã tàn phá nước Pháp thời kỳ Cách Mạng Pháp, tàn phá nước Nga thời kỳ Cách Mạng *Bolshevik,* và hiện đang ra sức tàn phá Hoa Kỳ.

PHỤ LỤC II

Quyền lực Do Thái ở Hoa Kỳ
(Zonist Power in America)

Primary reference:
- Brandon Martinez: *Grand Deceptions: Zionist Intrigue in the 20th and 21st Centuries*
- Peter Dale Scott: *Dallas '63: The First Deep State Revolt Against the White House*
- Deanna Spingola: *The Ruling Elite: The Zionist Seizure of World Power*

** Tzipora Menache, Israeli spokeswoman: *"Quý vị biết rất rõ, và những người Mỹ ngu xuẩn cũng biết rất rõ, rằng chúng ta kiểm soát chính phủ của chúng, bất luận ai ngồi trong Tòa Bạch Ốc. Như quý vị thấy, tôi biết và quý vị biết rằng không một tổng thống Mỹ nào có thể đủ tư cách thách thức chúng ta cho dù chúng ta có làm chuyện khó tin. Chúng nó - bọn Mỹ - có thể làm gì được chúng ta? Chúng ta kiểm soát quốc hội, chúng ta kiểm soát truyền thông, chúng ta kiểm soát kỹ nghệ giải trí, và chúng ta kiểm soát mọi thứ ở Mỹ. Ở Mỹ, bạn có thể chỉ trích Thượng Đế, nhưng bạn không thể chỉ trích Israel...".*

1. Âm Mưu vận động hành lang của Do Thái

Quan hệ đặc biệt giữa Hoa Kỳ và Israel là một đề tài mà hầu hết mọi người đều không dám đề cập đến. Nhưng người ta không thể bắt đầu nhận thức được thực tế địa chính trị (geopolitical reality) của thế giới ngày nay nếu không tìm hiểu vấn đề nầy.

Tư duy cổ điển về vấn đề nầy của một số tư tưởng gia cánh tả như Noam Chomsky, Norman Finkelstein, Howard Zinn, William Blum và những người khác cho rằng Israel là một công cụ của Hoa Kỳ, một tiền đồn của chủ nghĩa đế quốc Tây Phương ở Trung Đông.

Quan điểm nầy đã bị thách thức bởi một số trí thức và học giả mỗi ngày một nhiều hơn. Đứng đầu trường phái tư duy mới là Stephen Walt (tác giả của cuốn *The Israel Lobby and U.S. Foreign Policy*), Giáo sư James Petras (tác giả cuốn *The Power of Israel in the United States*), Dr. Stephen Sniegoski (tác giả cuốn *The Transparent Cabal*) và nhiều người khác. Trường phái nầy cho rằng quan điểm cánh tả nói trên không đúng và cho đó là một xuyên tạc sự thật. Quan điểm của trường phái thứ nhì trái ngược với trường phái thứ nhất: thông qua nỗ lực vận động hành lang đắc lực (powerful lobby) ở Hoa Kỳ và thông qua những tay trong chủ chốt bên trong chính phủ Hoa Kỳ, Israel đã thao túng chính sách ngoại giao của Hoa Kỳ về Trung Đông trong một thời gian dài. Nói cách khác, cái đuôi của Israel dắt con chó Mỹ (Israeli tail is wagging the American dog).

2. Chủ nghĩa Đa Kim Ngân

Tác giả James Petras nói trên cung ứng nhiều bằng chứng cho quan điểm nầy trong cuốn *The Power of Israel in the United States*. Petras giải thích rằng Washington bị tiền bạc điều khiển, và những người có nhiều tiền nhất ở Hoa Kỳ lại là những thành viên *Zionist* (Do Thái). Ông viết, *"Nền tảng sức mạnh vận động hành lang của tổ chức Do Thái mang tên PAC (Political Action Committee) bắt nguồn từ phần lớn những gia đình Do Thái thuộc số những gia* đình Mỹ giàu có nhất ở Hoa Kỳ. Theo Forbes, khoảng 25-30 phần trăm tỉ phú hoặc đại triệu phú Mỹ đều là Do Thái."

Stephen Steinlight, một thành viên chủ chốt của tổ chức *lobby* Do Thái, với tư cách là Cựu Quốc Vụ Khanh của Ủy Ban *American Jewish Committee*, xác nhận quan điểm của Petras. Trong một báo cáo của tháng 11/2001 cho Trung Tâm *Center of Immigration Studies* tựa đề *"The Jewish Stake in America's Changing Demography: Reconsidering a Misguided Immigration Policy,"* Steinlight thẳng thừng nói về "sức mạnh chính trị vô song (disproportionate political power)" của cộng đồng Do Thái, một cộng đồng, theo ông, "dứt khoát là cộng đồng vĩ đại nhất so với bất kỳ cộng đồng sắc tộc/văn hóa nào khác ở Hoa Kỳ." Ông nói thêm, "Của cải vật chất dồi dào của cộng đồng Do Thái sẽ tiếp tục tạo cho họ những lợi điểm đáng kể." Ông cho rằng cốt lõi của sức mạnh Do Thái "được tập trung một cách vượt trội ở Hollywood, truyền hình, và kỹ nghệ truyền thông."

3. Do Thái chi tiền cho cả hai chính đảng

Những người Do Thái khác cũng có viết về đề tài quyền lực Do Thái. Nhà văn J.J. Goldberg nêu bật quyền lực của tập đoàn Do Thái (Jewry) ở Hoa Kỳ trong cuốn *Jewish Power: Inside the American Jewish Establishment*. Trong cuốn *Jewish Power in America: Myth and Reality*, tác giả người Do Thái tiết lộ rằng *"Hơn 60 phần trăm tài chánh tranh cử mà Đảng Dân Chủ (ĐDC) quyên góp và một tỉ lệ tài chánh đáng kể của ngân khoản tương ứng phía Đảng Cộng Hòa (ĐCH) phát xuất từ những nguồn tiền Do Thái."* Petras giả định rằng *"Không một tổ chức lobby nào – kể cả Big Pharma, Big Oil và Agro-business - đóng một vai trò tài chánh vượt trội như thế trong việc tài trợ chính đảng."*

Vận động hành lang của Do Thái ở Hoa Kỳ bao gồm hàng

chục tổ chức, đứng đầu là Ủy Ban *AIPAC (American Israel Public Affairs Committee)*. Vì là cánh tay chủ lực của chính phủ Israel trên đất Mỹ, *AIPAC* không khác nào một con quái vật ở Capitol Hill với mục tiêu duy nhất là *lobby* Quốc Hội và những viên chức cao cấp Hoa Kỳ khác để thăng tiến chính sách thân Israel. *AIPAC* rất uy quyền nên những thành viên Quốc Hội chỉ gọi họ với cái tên *"The Lobby."* Theo Petras, *AIPAC* gồm có 60 ngàn thành viên giàu có và một ngân sách hàng năm là $60 triệu *dollars*. Nhưng đó mới chỉ là *AIPAC*. Hệ thống mang tên *Conference of Presidents of Major American Jewish Organizations* có 52 thành viên, kể cả *Zionist Organization of America, Jewish Institute for National Security Affairs, B'nai Zion, Anti-Defamation League, American Friends of Likud, American Jewish Committee, Jewish Federations of North America, Jewish Council for Public Affairs, Israel Bonds*, v.v... Petras gọi hệ thống nầy là *Zionist Power Configuration* và giải thích như sau trong một chương trình phát thanh:

Người ta phải xem xét thực tế nầy ở bên kia tổ chức AIPAC. Chúng ta phải nhìn vào toàn bộ hệ thống của những tổ chức thảo thuyết thân Do Thái (pro-Zionist think-tanks) từ Viện American Enterprise Institute trở xuống và sau đó chúng ta phải nhìn vào toàn bộ cái hệ thống quyền lực không những dính líu đến AIPAC mà cả hệ thống Conference of Presidents of Major American Jewish Organizations với 52 tổ chức thành viên. Chúng ta phải nhìn vào những cá nhân đang nắm giữ những chức vụ trong chính phủ, như gần đây chúng ta đã làm với Eliot Abrams, Wolfowitz, Douglas Feith và những người khác. Chúng ta phải nhìn vào đạo quân gồm những người viết phụ trang xã luận (op-ed writers) cho những tờ báo lớn. Chúng ta phải nhìn vào những tay cống hiến siêu giàu cho ĐDC, những trùm truyền thông... Tất cả nhưng thế lực nầy cộng với lực bẩy trong truyền thông và trong Quốc Hội là yếu tố quyết định để định hình chính sách ngoại giao của Hoa Kỳ ở Trung Đông.

4. Haim Saban (trùm truyền thông) và Sheldon Adelson (trùm sòng bài)

Hai trong số những tay cống hiến siêu giàu đó là trùm truyền thông Haim Saban người Mỹ gốc Do Thái và Sheldon Adelson, chủ sòng bài ở Las Vegas. Saban, một người Do Thái gốc Ai Cập, là tay cống hiến cá nhân lớn nhất cho ĐDC, chi ra $13 triệu cho nhiều ứng cử viên khác nhau qua nhiều năm. Một biên dạng về Saban được phổ biến trên tờ *The New Yorker* thuật lại rằng quan tâm hàng đầu trong đời của Saban là "bảo vệ Israel bằng cách tăng cường mối quan hệ Mỹ-Israel." Biên dạng đó cho thấy rằng Saban đã dự một hội nghị ở Israel vào năm 2009, trong đó ông thẳng thừng thảo ra công thức của ông nhằm ràng buộc chính phủ Hoa Kỳ vào quyền lợi của Israel: *"(i) Cống hiến cho những chính đảng, (ii) thành lập những nhóm thảo thuyết, và (iii) kiểm soát những cơ quan truyền thông."* Adelson là một tay cống hiến tài chánh hàng đầu cho ĐCH, bảo đảm hậu thuẫn vững chắc cho Israel xuyên suốt mọi đường lối của đảng nầy. Trong chiến dịch tranh cử tổng thống năm 2012, Adelson đã cống hiến số tiền khổng lồ là $70 triệu *dollars* cho các ứng cử viên ĐCH. Vào tháng 10/2013, Adelson đã cổ xúy ném bom nguyên tử xuống một khu không dân cư ở Iran như một phát súng cảnh cáo để đe dọa Iran phải tuân theo những đòi hỏi của Do Thái liên quan đến chương trình hạt nhân của họ. Ông lớn giọng, *"Mục tiêu của quả bom nguyên tử kế tiếp sẽ là trung tâm thủ đô Teheran."* Một cử tọa Do Thái ở Đại Học Yeshiva University, New York, đã vỗ tay hoan nghênh phát biểu bệnh hoạn của Adelson. Adelson là một tay ủng hộ mồm của Benjamin Netanyahu và Đảng *Liku Party*.

5. Tel Aviv chỉ đạo chính sách của Washington

Quan điểm của Petras và những học giả khác cho rằng Tel Aviv chỉ đạo chính sách ngoại giao của Washington về Trung Đông; và quan điểm đó đã được xác nhận bởi một số cựu chính trị gia Hoa Kỳ quyết định lên tiếng về vấn đề nầy. Pat Buchanan, một cựu viên chức của chính quyền Reagan và từng là một ứng cử viên tổng thống, cho biết, *"Capitol Hill là lãnh địa bị Israel chiếm đóng." (Capitol Hill is "Israeli occupied territory."* Cựu Dân Biểu Paul Findley nhìn nhận thực tế nầy trong tác phẩm *They Dare to Speak Out: People and Institutions Confront Israel's Lobby*. Cựu Dân Biểu James Traficant hậu thuẫn quan điểm đó trên đài *Fox News* khi nói với Greta Van Susteren:

"Tôi tin rằng Israel có một thòng lọng rất mạnh trên chính phủ Hoa Kỳ. Họ kiểm soát những thành viên của cả Hạ Viện lẫn Thượng Viện. Họ đã làm cho chúng ta dính líu vào những cuộc chiến tranh trong đó chúng ta chẳng có quyền lợi gì hoặc có rất ít... Họ kiểm soát phần lớn chính sách đối ngoại của chúng ta. Họ tác động trên phần lớn chính sách đối nội của chúng ta... Chúng ta đang tiến hành chính sách bành trướng của Israel và mọi người đều sợ không dám nói lên điều đó."

(I believe that Israel has a powerful stranglehold on the American government. They control both members of the House and the Senate. They have us involved in wars in which we have little or no interest... They're controlling much of our foreign policy. They're influencing much of our domestic policy... We're conducting the expansionist policy of Israel and everybody's afraid to say it.)

Nhà báo Greg Felton cho rằng hiệu năng của Do Thái có được là nhờ sự độc ác: ám sát, bắt bí, khủng bố. Họ ngạo nghễ cùng cực... thiếu tư cách về mặt đạo đức, chính trị hay lịch sử. Do Thái tồn tại được chỉ vì họ khủng bố thế giới. Những quốc gia nào sợ bị Do thái tấn công đương nhiên sẽ không muốn chọc giận họ... Do Thái không thể biện bạch gì được. Họ không đủ tư cách đề cập về sự thật hay lịch sử... (Israel's effectiveness lies in its ruthlessness. It commits murder, blackmail, terrorism; it knows no limits to its arrogance. Israel "has no moral, political or historical legitimacy. It exists solely because it terrorized the world into approving its existence. And countries who are afraid of being targeted by Israel will naturally not want to upset it... Israel cannot afford to be rational. It cannot afford to debate facts or history...)

6. Quốc Hội, Tòa Bạch Ốc: bù nhìn của Do Thái

Trong một cuộc phỏng vấn, Cynthia McKinney, một cựu nữ dân biểu thuộc tiểu bang Georgia, nói rằng 99 phần trăm những thành viên Quốc Hội Hoa Kỳ đặt quyền lợi của Israel trên quyền lợi của Hoa Kỳ. (99 per cent of members of the US congress put Israel's interests above those of America).

Tam Dalyell, nghị viên người Anh, xác nhận hiện cảnh nầy, tin chắc rằng "một âm mưu Do Thái đã tiếp quản chính phủ Hoa Kỳ và thành lập một liên minh tà đạo với những tín đồ Cơ Đốc chính thống." (A Jewish cabal has taken over the government of the United States and formed an unholy alliance with fundamentalist Christians). Những "tín đồ Cơ Đốc chính thống" đó được đại diện bởi John Hagee và Pat Robertson, hai trong số những người cổ xúy lớn tiếng nhất cho Israel trong cộng đồng Phúc Âm (Evangelical community). Hậu thuẫn tài chánh của phái Cơ Đốc chính thống dành cho Israel dựa trên những tiên tri "chung quyết" (end times prophesies) – cho rằng tất cả người Do Thái phải được tập hợp lại trên vùng đất Israel trước khi Chúa Jesus Christ có thể trở lại để thăng hoa tất cả những tín đồ Cơ Đốc lên trời.

Năm 2010, Helen Thomas, một phóng viên nổi tiếng và là một thành viên của cơ quan báo chí Tòa Bạch Ốc hơn 50 năm, đã lập tức bị sa thải sau khi xuất hiện cuốn *video* trong đó bà buộc tội sự chiếm đóng và lối hành xử của Israel ở Palestine. Về sau, bà đã đọc một diễn văn tại một hội nghị ở Detroit trong đó bà trình bày quan điểm cho rằng "*Quốc Hội, Tòa Bạch Ốc, Hollywood, và Wall Street đều bị Do Thái làm chủ. Dứt khoát là thế.*" (Congress, the White House, Hollywood, and Wall Street are owned by Zionists. No question in my opinion.)

7. Do Thái hoạt động chống Hoa Kỳ

Phillip Giraldi, một cựu nhân viên CIA chống khủng bố, đã nói với *Press TV* của Iran rằng tổ chức vận động hành lang của Do Thái kiểm soát tuyệt đối bất kỳ việc bổ nhiệm nào vào chức vụ an ninh hay chính sách ngoại giao liên quan đến Trung Đông. Michael Scheuer, một cựu nhân viên CIA khác, cũng bày tỏ cùng quan điểm. Trong một chương trình truyền hình trên *Fox Business News*, Scheuer cho biết, "*Israel là một ảnh hưởng tác hại vô cùng lớn đối với Hoa Kỳ. Họ đánh cắp kỹ thuật của chúng ta, họ mua chuộc các nhân viên chính phủ của chúng ta để làm gián điệp cho họ, chuyển giao tài liệu cho họ, và ảnh hưởng của họ qua những nhóm dân sự như AIPAC trên Quốc Hội đương nhiên làm thối nát hệ thống chính trị của chúng ta.*" (The Israelis are an immensely malign influence in the United States. They steal our technology, they suborn government employees to spy for them and transfer documents, and certainly their influence through U.S. citizen groups like

AIPAC on the Congress is politically corrupting). Khi nhận định về việc Israel sát hại hơn 100 thường dân *Lebanon* vào tháng 4/1996, Ari Shavit, một nhà báo Israel thừa nhận quyền lực tuyệt đối của Do Thái đối với Hoa Kỳ. Shavit viết trong cuốn *Haaretz* : *"Chúng ta giết họ do một niềm tự đại ngây thơ nào đó. Vì tuyệt đối tin rằng bây giờ, với Tòa Bạch Ốc, Thượng Viện, và phần lớn truyền thông Mỹ trong tay chúng ta, mạng sống của những người khác không đáng kể gì so với mạng sống của chính chúng ta."* (We killed them out of a certain naive hubris. Believing with absolute certitude that now, with the White House, the Senate, and much of the American media in our hands, the lives of others do not count as much as our own.)

Như Michael Scheuer đã ghi nhận bên trên, ảnh hưởng của tiền bạc Do Thái ở Washington đang làm thối nát hệ thống chinh trị Hoa Kỳ đến mức ghê tởm. Những sự kiện được phơi bày ở đây minh họa một bức tranh rõ nét: Những người hậu thuẫn Israel có một ảnh hưởng bao la trên chính phủ Hoa Kỳ và đã thực hiện được một thòng lọng tiềm năng trên những chính sách ngoại giao của hai chính đảng hàng đầu – ĐCH và ĐDC. Như một địa bàn của âm mưu Do Thái, Hoa Kỳ đơn thuần đã trở thành một phương tiện cho nghị trình Do Thái. (As a haven of Zionist intrigue, the United States has become little more than a vehicle of the Zionist agenda.)

8. Nhồi sọ bằng truyền thông

Nếu những giáo sư, học giả, và chính trị gia vừa nêu trên là đáng tin cậy thì không cần nói người ta cũng nhận thức được rằng Hoa Kỳ là một tiền đồn của Do Thái. Ngoài ảnh hưởng bao la về tài chánh, tác động của Do Thái trên Hoa Kỳ còn bắt nguồn từ sự kiện Do Thái kiểm soát những hệ thống truyền thông lớn. Qua kiểm soát truyền thông, quyền lực Do Thái có thể định hình thế giới quan của quần chúng. Truyền thông đại chúng là một công cụ tất yếu cho tuyên truyền chiến tranh. Trong một cuộc phỏng vấn với tổ chức *Alternate Focus,* một cựu chiến binh Israel tên là Noam Chayut lặp lại lời tuyên bố của bộ trưởng ngoại giao Israel: *"Truyền thông ở Hoa Kỳ là vũ khí lợi hại nhất mà Israel có được."*

Joel Stein, một người Do Thái chuyên viết cho tờ *Los Angeles Times,* đã đăng một bài trong phụ trang xã luận (op-ed), khoác lác về sự đô hộ của Do Thái trên kỹ nghệ giải trí. Trong bài viết tựa đề *Who Runs Hollywood? C'mon,* Stein nêu tên một số viên chức điều hành chóp bu Do Thái của *Hollywood* như: Giám đốc Peter Chernin (News Corp.), Giám đốc Sumner Redstone (Rothstein) của Viacom Executive, Chief Executive Leslie Moonves (CBS Corp.), CEO Bob Iger (Walt Disney Company), CEO Brad Grey (Paramount Pictures), Chairman Michael Lynton (Sony Pictures), những nhà sáng lập Dreamworks như Steven Spielberg, Jeffrey Katzenberg và David Geffen; Chairman Harry Sloan (MGM cũ), Chief Jeff Zucker (NBC Universal cũ, nay là giám đốc của CNN), và anh em Weinstein. Sau đó Stein tuyên bố: *"Là một người Do Thái tự hào, tôi muốn Hoa Kỳ nhận thức được những thành tựu của chúng tôi. Vâng, chúng tôi kiểm soát Hollywood."* Stein cho rằng ông không cần biết Hoa Kỳ có nghĩ rằng Do Thái đang điều hành truyền thông, *Hollywood, Wall Street* hay chính phủ hay không. Ông viết, *"Tôi chỉ biết rằng chúng tôi đang tiếp tục điều hành chúng, thế thôi."*

Nhiều nhân vật lỗi lạc cũng có những nhận định tương tự. Chẳng hạn, giám đốc điện ảnh Oliver Stone cũng chia xẻ quan điểm của Stein cho rằng Do Thái khuynh loát *Hollywood* và truyền thông báo chí ở Hoa Kỳ. Stone cho rằng truyền thông bị ám ảnh về *holocaust* là vì Do Thái khống chế kỹ nghệ điện ảnh. Ông cũng nói rằng hệ thống vận động hành lang của Do Thái là "hệ thống *lobby* đắc lực nhất ở Washington." Trong một chương trình *talk show* đáng ghi nhớ trên đài *CNN* của Larry King, diễn viên huyền thoại Marlon Brando phát biểu, *"Hollywood điều hành bởi Do Thái và làm chủ bởi Do Thái."* Neal Gabler, một tác giả Do Thái và đồng thời là một nhà nghiên cứu truyền thông, đã viết cuốn *An Empire of Their Own: How the Jews Invented Hollywood* nhằm mô tả sự đô hộ của Do Thái trong kỹ nghệ điện ảnh Hoa Kỳ từ khi mới khai sinh. Một tài liệu dựa trên công trình của Gabler mang tựa đề *Hollywoodism: Jews, Movies and the American Dream* thừa nhận rằng sáu (6) phim trường lớn nhất của Hollywood được điều hành hơn 30 năm bởi một nhóm di dân Do Thái với những lai lịch cực kỳ tương tự.

The Forward, một tập san Do Thái ở New York, đã phổ biến một bài viết mang tựa đề *Billionaire Boychiks Battle for Media Empire* có phác họa những âm mưu kinh doanh của một số trùm truyền thông Do Thái. Sam Zell, một trong những tay trùm đó, đã mua công ty *Tribune Company* đang làm chủ 23 đài truyền hình, một đội bóng *baseball* và nhiều tờ báo lớn như *Chicago Tribune* và *Los Angeles Times*. Bài viết ghi nhận sự dính líu chặt chẽ của Zell với những nghị trình Israel và tiết lộ rằng Zell đã cống hiến $3.1 triệu cho Trung Tâm *Herzliya Interdisciplinary Center* ở Israel và một tổ chức *think tank* cánh hữu mang tên là *Israel Center for Social and Economic Progress*. Theo tường thuật của tờ *Forward*, giáo sỹ của Zell mô tả ông như một thành viên *Zionist* trung kiên, một người ủng hộ nhiệt tình Israel, và một tín đồ Do Thái Giáo ưu tú.

Elad Nehorai, một nhà văn Do Thái viết cho tờ *Times of Israel*, một tờ báo Do Thái cực đoan, đã xác nhận quan điểm đó trong một phụ trang xã luận mang tựa đề *Jews DO*

Control the Media. Khi thẳng thắn nói về đề tài nầy, Nehorai cho biết: *"Hỡi các đồng chí Do Thái, ở điểm nầy, chúng ta hãy lương thiện với chính chúng ta. Chúng ta đang kiểm soát truyền thông. Chúng ta đã đưa rất nhiều tay vào các cơ quan điều hành trong tất cả những công ty sản xuất phim ảnh, nhiều đến mức ghê tởm."* Nehorai nói thêm rằng *AIPAC* là một tổ chức đặc biệt tương đương với Âm Mưu *Elders of Zion* (Âm mưu bá chủ thế giới của các tiền bối Do Thái). Ông viết, *"Sự thật mà nói, những người bài Do Thái có lý... Chúng ta làm chủ toàn bộ quốc gia còn chó gì nữa."* (The truth is the anti-Semites got it right... We own a whole freaking country). Lối nói có vẻ lộng ngôn của Nehorai cũng tương tự như những gì tác giả Do Thái Douglas Rushkoff từng nói: *(Theo một nghĩa nào đó, những kẻ bài xích chúng ta nói đúng khi cho rằng chúng ta là một lực xói mòn. (In a sense our detractors have us right, in that we are a corrosive force).*

Adam Weishaupt, người sáng lập tổ chức *Illuminati* đã ý thức được tầm quan trọng của truyền thông. Vào thời đại của ông không có *TV, radios* hay *Internet*, nhưng có sách báo, thư viện, và những câu lạc bộ đọc sách; và ông biết việc kiểm soát những hoạt động đó rất ư quan trọng nếu ông muốn quyết định loại thông tin nào được phép truyền tải đến công chúng.

9. Hoa Kỳ và hệ lụy chống nhân loại từ phía Do Thái

Theo Deanna Spingola trong *"The Ruling Elite: The Zionist Seizure of World Power,"* chính phủ Hoa Kỳ đã đồng lõa với tập đoàn Do Thái và Cộng Sản kể từ cuộc chiến mệnh danh là *Civil War (Nội Chiến)* và tiếp tục khởi động chiến tranh và tàn phá thế giới. Marx và Engels đã hậu thuẫn cuộc chiến mệnh danh là *Revolutionary War* thời Lincoln, một cuộc chiến đã khiến từ 618,222 đến 700,000 người thiệt mạng kể cả 50,000 thường dân. Cuộc chiến đó mở màn cho chiến tranh tàn phá toàn cầu: *Spanish American War*, hai Đạt Thế Chiến, Chiến Tranh Cao Ly, Chiến Tranh Việt Nam, Chiến Tranh Vùng Vịnh, và những cuộc chiến đẫm máu hiện nay ở Trung Đông. Đó là chưa kể những cuộc chiến bí mật của *CIA* khiến hàng triệu người thiệt mạng.

- Trong Đệ Nhất Thế Chiến, 9,911,000 chết, 21,219,500 bị thương, 7,750,000 mất tích: Tổng cộng 38,880,500.
- Trong Đệ Nhị Thế Chiến, 24,000,000 binh sỹ và 49,000,000 thường dân thiệt mạng, tổng số 73,000,000 người chết. Nếu kể cả số người bị thương và mất tích con số thương vong trong Đệ Nhị Thế Chiến vào khoảng 82,911,000 người.

Như phần trên đã trình bày, phần lớn những cuộc chiến lớn nhỏ trên hành tinh từ một thế kỷ nay đều do tập đoàn Do Thái quốc tế (Jewry) xúi dục và dàn dựng, chủ yếu qua trung gian của chính phủ Hoa Kỳ (và Tây Phương). Lò lửa chiến tranh ở Trung Đông hiện nay cũng không là một ngoại lệ. Nhà nước Hồi giáo (ISIS) là lá bài của Do Thái để phá nát Trung Đông thông qua sự đối đầu của các đại cường, một bên là {Nga + Syria + Iran} và bên kia là {Mỹ + Tây Âu + ISIS + Phiến quân Syria}. Cũng như trong hai đại thế chiến, kẻ hưởng lợi duy nhất vẫn là Do Thái với giấc mộng Trật tự Thế Giới Mới (New World Order). Những cuộc tấn công "khủng bố" hồi tháng 11/2015 ở Paris chẳng khác nào những viên pháo nổ vào đít con trâu Pháp để Hollande có cớ nhập cuộc chơi nhằm phục vụ quyền lợi của Israel. Theo sau sẽ là Anh, Đức, Canada, Úc..., một đám bù nhìn của hệ thống siêu quyền lực *Illuminati* Do Thái. Cho đến giờ nầy lập pháp của các chế độ Tây Phương vẫn cố tình lừa bịp dân chúng, làm ra vẻ *ISIS* không phải là đồng minh của Israel, Mỹ, và Tây Phương nói chung.

Thông tin liên lạc:
Đỉnh Sóng
P.O BOX 8231 Fountain Valley CA 92728

- Website: **dinhsong.net**
- Email: dính-song@att.net
- Phone: (714) 473-3691

www.ingramcontent.com/pod-product-compliance
Lightning Source LLC
Chambersburg PA
CBHW020632220526
45464CB00001B/122